智能光电制造技术及应用系列教材 · 激光切割
湖南省楚怡数控技术高水平专业群系列教材

激光切割技术实训教程

陈　庆　封雨鑫　陈　焱　何湘桂　编著

参考答案

北京交通大学出版社
· 北京 ·

内 容 简 介

本书共分 2 个部分，6 个项目。第一部分主要介绍了激光切割的基本加工流程及加工过程中辅助工具的使用和安全注意事项，为下一步案例实训做好基础知识准备；第二部分包含 5 个项目，主要以大族激光的 LION 3015 光纤激光切割机为例，介绍了家居建材、汽车、船舶、航天航空、农业 5 个领域的典型零部件激光切割案例，旨在培养学生严谨的科学态度与实践应用能力，使其初步具备发现问题、分析问题、解决问题的实操能力。

本书可作为应用型本科及中、高等职业院校相关专业的教材，也可作为激光切割设备操作人员的培训教材。

图书在版编目（CIP）数据

激光切割技术实训教程 / 陈庆等编著. —北京：北京交通大学出版社，2023.5
ISBN 978-7-5121-4977-9

Ⅰ. ① 激… Ⅱ. ① 陈… Ⅲ. ① 激光切割–技术培训–教材 Ⅳ. ① TG485

中国国家版本馆 CIP 数据核字（2023）第 099531 号

激光切割技术实训教程
JIGUANG QIEGE JISHU SHIXUN JIAOCHENG

责任编辑：黎 丹
出版发行：北京交通大学出版社　　电话：010-51686414　　http://www.bjtup.com.cn
地　　址：北京市海淀区高梁桥斜街 44 号　　邮编：100044
印 刷 者：北京时代华都印刷有限公司
经　　销：全国新华书店
开　　本：185 mm×260 mm　　印张：8.5　　字数：212 千字
版 印 次：2023 年 5 月第 1 版　　2023 年 5 月第 1 次印刷
印　　数：1～2 000 册　　定价：39.00 元

本书如有质量问题，请向北京交通大学出版社质监组反映。对您的意见和批评，我们表示欢迎和感谢。
投诉电话：010-51686043，51686008；传真：010-62225406；E-mail：press@bjtu.edu.cn。

系列教材编委会

参 编 单 位

大族激光科技产业集团股份有限公司

深圳市大族智能控制科技有限公司

湖南铁道职业技术学院

湖南科技职业学院

娄底职业技术学院

总　序

激光加工技术是20世纪能够与原子能、半导体及计算机齐名的四项重大发明之一，激光也被称为世界上最亮的光、最准的尺、最快的刀。经过几十年的发展，激光加工技术已经走进工业生产的各个领域，广泛应用于航空航天、电子电气、汽车、机械制造、能源、冶金、生命科学等行业。如今，激光加工技术已成为先进制造领域的典型代表，正引领着新一轮工业技术革命。

在国务院印发的《中国制造2025》中，战略性地描绘了我国制造业转型升级，即由初级、低端迈向中高端的发展规划，将智能制造领域作为转型的主攻方向，重点推进制造过程的智能化升级。激光加工技术独具优势，将在这一国家层面的战略性转型升级换代过程中扮演无可比拟的关键角色，是提升我国制造业创新能力，打造从中国制造迈向中国创造的重要支撑型技术力量。借助激光加工技术能显著缩短创新产品研发周期，降低创新产品研发成本，简化创新产品制作流程，提高产品质量与性能；能制造出传统工艺无法加工的零部件，增强工艺实现能力；能有效提高难加工材料的可加工性，拓展工程应用领域。激光加工技术是一种变革传统制造模式的绿色制造新模式和高效制造新体系。其与自动化、信息化、智能化等新兴科技的深度融合，将有望颠覆性变革传统制造业，但这也给现行专业人才培养、培训带来了全新的挑战。

作为国家首批智能试点示范单位、工信部智能制造新模式应用项目建设单位、激光行业龙头企业，大族激光智能装备集团有限公司（大族激光科技产业集团股份有限公司全资子公司）积极响应国家“大力发展职业教育，加强校企合作，促进产教融合”的号召，为培养激光行业高水平应用型技能人才，联合国内多家知名高校，共同编写了智能光电制造技术及应用系列教材（包含“增材制造”“激光切割”“激光焊接”三个子系列）。系列教材的编写，根据职业教育的特点，以项目教学、情景教学、模块化教学相结合的方式，分别介绍了增材制造、激光切割、激光焊接的原理、工艺、设备维护与保养等相关基础知识，并详细介绍了各应用领域的典型案例，呈现了各类别激光加工过程的全套标准化工艺流程。教学案例内容主要来源于企业实际生产过程中长期积累的技术经验及成果，相信对读者学习和掌握激光加工技术及工艺有所助益。

系列教材的指导委员会成员分别来自教育部高等学校机械类专业教学指导委员会、中国光学学会激光加工专业委员会，编写团队中既有企业一线工程师，也有来自知名高校和职业院校的教学团队。系列教材在编写过程中将新技术、新工艺、新规范、典型生产案例悉数纳入教学内容中，充分体现了理论与实践相结合的教学理念，是突出发展职业教育、加强校企合作、促进产教融合、迭代新兴信息技术与职业教育教学深度融合创新模式的有益尝试。

智能化控制方法及系统的完善给光电制造技术赋予了智慧的灵魂。在未来十年，激光加工技术将有望迎来新一轮的高速发展，并大放异彩。期待智能光电制造技术及应用系列教材的出版能为切实增强职业教育适应性，加快构建现代职业教育体系，建设技能型社会，弘扬工匠精神，培养更多高素质技术技能人才、能工巧匠、大国工匠助力，为全面建设社会主义现代化国家提供有力人才保障和技能支撑树立一个可借鉴、可推广、可复制的好样板。

大族激光科技产业集团

股份有限公司董事长

2023 年 5 月

前言

2006年，激光行业被列为国家长期重点支持发展产业。伴随激光的发展及应用拓展，国家陆续出台政策给予持续支持。2011年，激光加工技术及设备被列为当前应优先发展的21项先进制造高技术产业化重点领域之一；2014年，激光相关设备技术再次被列入国家高技术研究发展计划中；2016年，国务院印发的《“十三五”国家科技创新规划》《“十三五”国家战略性新兴产业发展规划》等均涉及激光技术的提高与发展；2020年，科技部、国家发改委等五部门发布《加强“从0到1”基础研究工作方案》，将激光制造列入重大领域，要求推动关键核心技术突破，并提出加强基础研究人才培养。

在美、日、德等国家，激光技术在制造业的应用占比均超过40%，该占比在我国是30%左右。在工业生产中，激光切割占激光加工的比例在70%以上，是激光加工行业中最重要的一项应用技术。激光切割是利用光学系统聚焦的高功率密度激光束照射在被加工工件上，使得局部材料迅速熔化或汽化，同时借助与光束同轴的高速气流将熔融物质吹除，配合激光束与被加工材料的相对运动来实现对工件进行切割的技术。激光切割工艺可将批量化加工的稳定高效与定制化加工的个性服务完美融合，彻底摆脱了成型模具的成本束缚，有效替代了传统冲切加工方法，可在大幅缩短生产周期、降低制造成本的同时，确保加工稳定性，兼顾不同批量的多样化生产需求。结合上述优势，激光切割技术应用推广迅速，已成为智能光电制造技术及应用至关重要的发展动力。

新修订的《中华人民共和国职业教育法》于2022年5月1日起施行，这是该法自1996年颁布施行以来的首次大修。此次修订，充分体现了国家对职业教育的愈发重视，再次明确了“鼓励企业举办高质量职业教育”的指导思想。在教育部新工科研究与实践项目、财政部文化产业发展专项资金资助项目的支持下，湖南铁道职业技术学院与大族激光科技产业集团股份有限公司牵头策划，积极响应国家大力发展职业教育的政策指引，结合激光行业发展，组织编写了本教材。本教材具有以下特点：

（1）在设置理论知识讲解的同时，对设备或软件按照实际操作流程进行讲解，既做到常用特色重点介绍，也做到流程步骤全面覆盖。

（2）在对激光切割全流程操作步骤、方法等进行详解的基础上，注重读者对激光切割工艺认知的培养，使读者知其然也知其所以然。

（3）采用“部分—项目—任务”编写格式，加入实操配图进行讲解，不仅使相关内容直观易懂，还可以强化课堂效果，培养学生兴趣，提升授课质量。

在激光切割行业快速发展的背景下，软件操作技术等相关软实力只有做到齐头并进，才能为中国制造业的发展做出贡献。本书对软件操作讲解具体详尽，初学者可以按照书中步骤进行案例操作。书中的理论部分可使学习者在掌握技术的同时，对激光切割工艺有一定的认识。希望本书可以成为初学者的入门书籍，成为技术人才继续攀登的一块基石。

本书中所采用的图片、模型等素材，均为所属公司、网站或者个人所有，本书仅做说明之用，绝无侵权之意，特此声明。

由于作者水平有限，书中难免存在不妥及不完善之处，恳请广大读者予以指正。

编　者

2023 年 5 月

目　录

第一部分　基础知识与学习准备

第二部分　案 例 实 训

第一部分

基础知识与学习准备

项目1

激光切割基础知识

项目描述

智能制造技术是国家实现“双碳”战略的重要手段，同时也是我国从制造大国迈向制造强国的重要一步。

激光技术是一门发展极为迅速的高新技术，正助力中国智能制造技术的发展。在高功率激光加工应用领域中，切割是应用最广泛的，其次为焊接，最后为增材和熔覆制造。

随着智能制造技术的迅速发展，与激光相关的产品和技术服务已遍布全球，渗透到各行各业中，形成了较为完备的激光产业链。激光产业链上游主要包括激光材料和配套的光学、机械元器件等，中游主要为各种激光器及其配套装置与设备，下游则以激光应用产品、激光制造装备、消费产品为主，如图 1.1 所示。

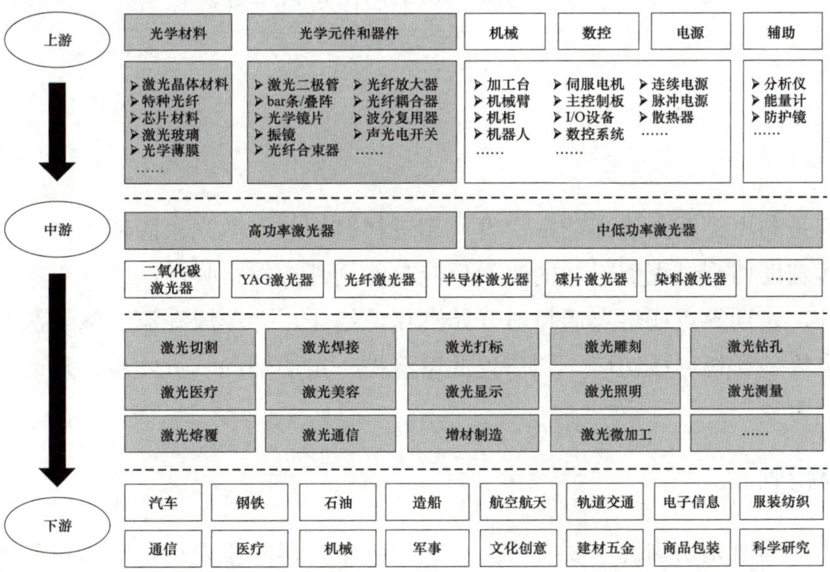

图 1.1　激光产业链

激光切割凭借速度快、精度高、加工质量好等优点逐步替代传统机械切割，大幅度地提高了工业加工的效率和品质。激光加工设备工作过程具有智能化、标准化、连续性等特点，通过配套自动化设备可以提升产品质量、提高生产效率、节约人工成本等，因此未来“激光+配套自动化设备”的系统集成需求将成为趋势。

本项目主要介绍激光切割的基础知识与实训准备，使学生能对激光切割的具体加工流程、使用工具有一定的了解，熟悉安全生产与安全实训的流程。

任务 1.1　激光切割技术

任务描述

激光技术是自 1960 年问世后就快速发展并在实际生产中迅速得到应用的高新技术。随着研究人员对相关基本理论的不断研究和各类激光器元器件的不断发展，激光应用领域也随之拓宽，应用规模逐渐扩大，所获得的经济效益和社会效益愈加显著。

激光切割技术是激光加工行业中最重要的一项应用技术，与其他切割技术相比，它具有高速度、高精度和高适应性等优点，同时还具有割缝细、热影响区小、切割面质量好、切割时无噪声、切割过程易实现自动化控制等优点。另外，用激光切割板材时，不需要模具，可以替代一些需要采用复杂大型模具的冲切加工，能大大缩短生产周期，降低成本。随着国家大力推进智能制造的发展，传统制造逐渐向智能高端制造转型，目前激光切割已广泛地应用于车辆制造、航空、化工、轻工、电器与电子、石油和冶金等工业领域中。

本任务通过对激光切割技术原理、激光切割加工的材料及生产流程的讲解，使学生系统地了解相关原理和流程，为下一步了解激光切割的应用做准备。

任务实施

1. 技术原理

激光切割是利用经聚焦的高功率密度（超过材料阈值）激光束照射工件，因激光束的能量及活性气体辅助切割过程所附加的化学反应热能全部被材料吸收，由此引起激光作用点的温度急剧上升，达到沸点或熔点后材料开始汽化或熔化，并形成孔洞，随着激光束与工件的相对运动，最终使材料形成切口，切口处的熔渣被一定的辅助气流吹走，从而实现割开工件的一种热切割方法。

2. 常用材料

目前市场上的激光切割机主要有搭配二氧化碳激光器的激光切割机和搭配光纤激光器的激光切割机两种。相较于二氧化碳激光器，光纤激光器的光电转换率高且维护成本低，因而受到了更多企业和激光加工用户的认可，目前市场上光纤激光切割机的使用更广泛。

光纤激光切割机只可以用来切割金属，不可以用来切割非金属。常用来切割的材料有不锈钢、碳钢、铝合金、黄铜、紫铜等，其中紫铜为高反材料。高反材料会影响激光器的性能，长时间切割会缩短切割机床的使用寿命。

任务 1.2　激光切割工艺流程

在接到一个加工任务后，工程师需要对加工任务进行分析，设计合适的生产工艺以保证加工完成的产品质量符合生产的要求。在激光切割的实际生产过程中，设计图纸、编程和操作设备通常是由不同的工程师负责的。

下面主要介绍使用光纤激光切割机生产的一般流程。

任务分析

1. 加工要求

加工要求一般为：在指定的毛坯上加工出指定的工件。其中，毛坯为一张矩形的板材，如图 1.2 所示，板材的长、宽不能超过机床的加工范围且要满足需要生产的工件的尺寸要求。对于规则的零件，在切割时一般使用机床自动寻边功能来加工。

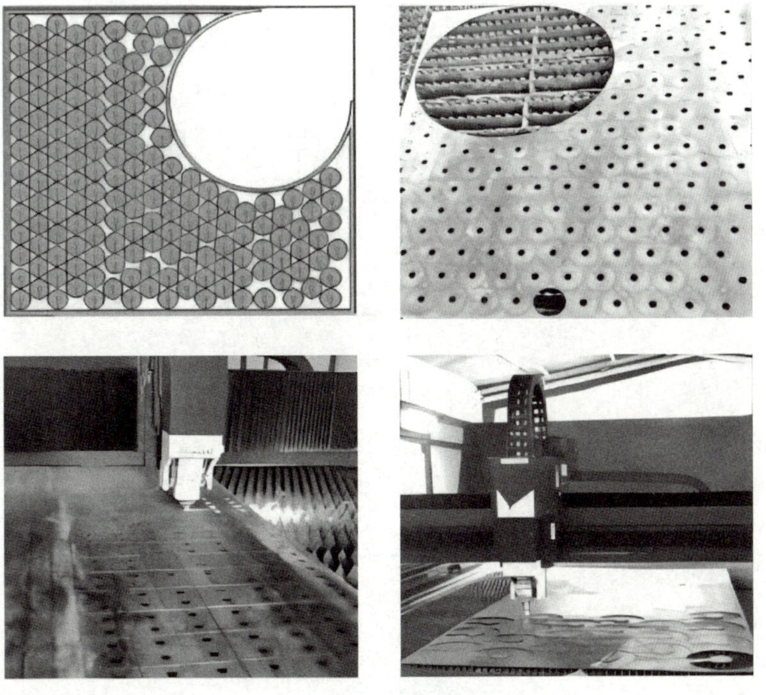

图 1.2　矩形板材加工

除此之外，还可使用光纤激光切割机在半成品工件上切割方孔、圆孔等轮廓，如图 1.3 所示的激光切割加工汽车轮毂轴孔。在这种情况下定位采用手动对刀，在定位精度要求高的情况下可以使用工装夹具来定位。在加工之前还需要考虑加工材料的厚度问题，即需要加工的材料厚度不能大于机床可以切割的极限厚度。

图 1.3　激光切割加工汽车轮毂轴孔

光纤激光切割机可以加工的工件如图 1.4 所示。在收到加工图纸之后需要从以下几个方面进行分析。

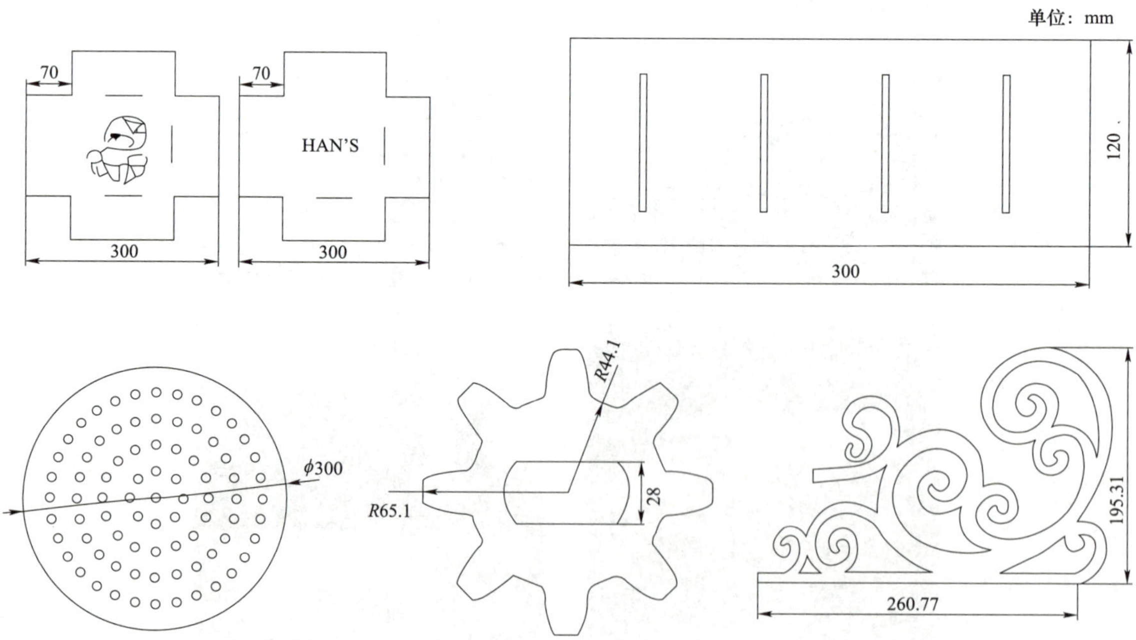

图 1.4　工件图

（1）轮廓大小

轮廓可以分为大轮廓、中轮廓、小轮廓、小孔。其中，大轮廓、中轮廓、小轮廓都是机床能够加工的轮廓，大、中、小轮廓在切割时其切割难度和加工质量要求分别对应切割参数的切割一层、切割二层、切割三层。若小孔为当前设备无法加工的轮廓（如 3 000 W 设备无法在 20 mm 厚的板材上加工直径为 1 mm 的小孔），则在激光切割之后需要使用其他的工艺（如钻孔）加工，但是在激光加工时需进行打标处理，打标的标记可以为该轮廓的后续加工工序提供定位。

（2）轮廓形状

轮廓按照形状来分有尖角、圆角、多段线等。

尖角轮廓加工可能会产生拐角过烧和挂渣的情况，此时需要判断是否使用角处理功能（如使用 CAM 软件编程时在尖角处添加冷却或者圆弧处理）；针对短且密集的多段线的加工，切割头会在每一条线段的拐角处频繁加减速，从而导致整体运行不够平顺，影响加工效率，此时需要判断是否使用 CAM 软件的平滑功能。

（3）内轮廓和工件的排列

工件的轮廓排列按照间距可分为分散排列和密集排列，按照位置分布可分为离散排列和规则排列。

针对工件在一整张板材上的不同排列方式和工件内轮廓的不同排列方式，需要设置不同的切割顺序。

其中，零件间的切割顺序有：局部最短，如图 1.5（a）所示；网格，如图 1.5（b）所示；环形，如图 1.5（c）所示；从左到右，如图 1.5（d）所示；从右到左，如图 1.5（e）所示；从上到下，如图 1.5（f）所示；从下到上，如图 1.5（g）所示；从小到大，如图 1.5（h）所示。

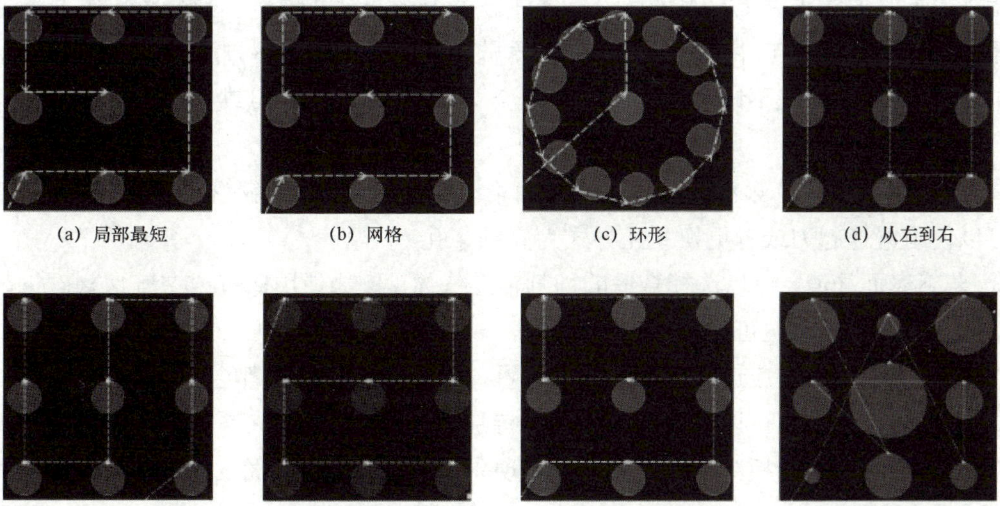

(a) 局部最短　(b) 网格　(c) 环形　(d) 从左到右

(e) 从右到左　(f) 从上到下　(g) 从下到上　(h) 从小到大

图 1.5　设置零件间的切割顺序

内轮廓的切割顺序有：局部最短，如图 1.6（a）所示；网格，如图 1.6（b）所示；环形，如图 1.6（c）所示；从左到右，如图 1.6（d）所示；从右到左，如图 1.6（e）所示；从上到下，如图 1.6（f）所示；从下到上，如图 1.6（g）所示；从小到大，如图 1.6（h）所示。

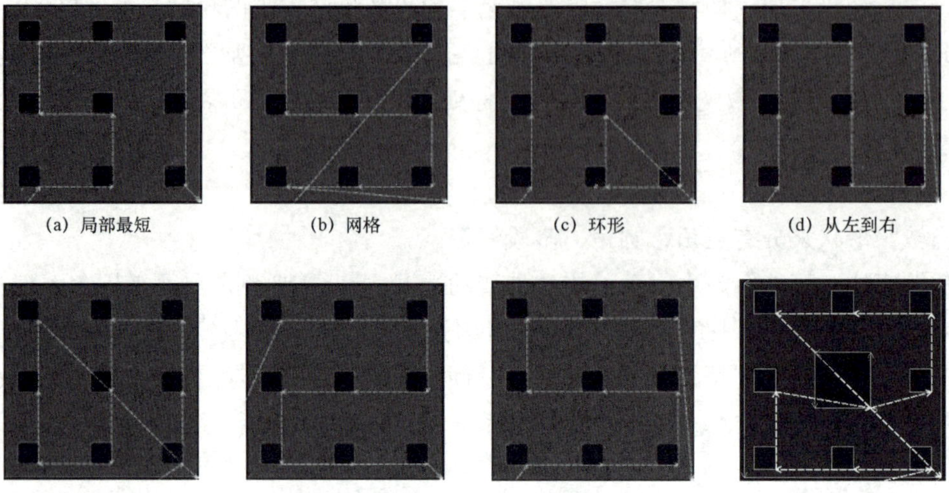

(a) 局部最短　(b) 网格　(c) 环形　(d) 从左到右　(e) 从右到左　(f) 从上到下　(g) 从下到上　(h) 从小到大

图 1.6　设置轮廓间的切割顺序

针对工件内轮廓排列规则且不需要穿孔的工件，可单独对排列规则的内轮廓进行“飞行切割”，以提高切割的效率。

2. 切割技术指标

（1）表面

激光加工时要求工件上、下表面没有熔渣。若上表面穿孔堆渣，则会影响加工质量；若下表面挂渣，则会影响工件使用。工件表面质量问题可以按照以下方法进行选择调试。

① 若使用氮气穿孔不锈钢板材时表面堆渣，可以使用慢速起刀或者更换穿孔方式为氧气穿孔。

② 因切割铝板时高频穿孔会比脉冲表面堆渣少，若使用氮气穿孔铝合金板材时表面堆渣，可以使用慢速起刀或者更换穿孔方式为高频穿孔。

③ 若下表面挂渣，可以选择合适的切割辅助气体。例如使用氮气或空气切割碳钢，会有少量熔渣产生，这种情况可使用氧气切割。

④ 若下表面挂渣，应选择合适的焦点位置，焦点过高或过低都会造成切割挂渣。

⑤ 若下表面挂渣，可以使用脉冲切割，特别是针对厚板。

⑥ 镀锌板或者镀铅板穿孔后易出现发黑现象，若穿孔后上表面发黑，则需要降低频率和占空比，提高穿孔高度。

（2）端面和速度

对于不同的工件，需要根据使用方式的不同选择不同的切割工艺。

① 若断面要求焊接，则需要避免断面被氧化，切割时需要使用保护性气体；如果切割端面在激光加工过程中被氧化，则工件加工完成后需要先进行除锈处理，然后再进行焊接。

② 若要求切割出的断面为光滑的亮面（亮面一般是针对碳钢加工而言的），则需要使用氧气切割碳钢。能否切割出光滑的亮面与板材厚度和需要的功率有关，越厚的板材，需要的功率越高。

③ 若加工碳钢时不要求断面效果，而要求提升切割效率，则厚碳钢板可以使用负焦点工艺，薄碳钢板可以使用氮气或空气切割。

④ 若加工不锈钢时不要求断面效果，而要求提升切割效率，则可以使用暴风切割工艺(高功率)。

（3） 精度

由于激光切割是利用激光将材料熔化后吹走形成割缝来进行切割的，因此割缝有一定的宽度。如果不添加补偿值（路径偏移值），测量时会发现工件内轮廓偏大，外轮廓偏小。为了保证切割的精度，切割外轮廓时需要向外偏移，切割内轮廓时需要向内偏移。

补偿的设置一般有两种方式：软件补偿和机器补偿。其中，软件补偿是指在 CAM 软件中设置补偿值，补偿值会直接计算进程序的 NC 路径中，从而使控制更加精确。后续如果需要更改补偿值，则在 CAM 软件中修改补偿值后重新输出加工程序即可。

任务实施

1. CAM 软件编程

Han's LaserNest 软件既可以直接对 CAD 图纸进行加工，也可以对 CAD 零件图纸进行排样，在实际生产过程中需要进行排样时，应先将零件导入零件库，设置好板材，选择自动排样功能，即可对零件库零件进行排样。针对单个零件的排样编程，既可以选择排样，也可以在视图窗口打开零件文件，直接对零件进行工艺设置。工艺设置完成后，可以进行加工模拟，确认没有问题后，直接导出加工程序到设备进行加工。所以，在实际应用过程中，可根据实际情况选择是对零件进行排样还是直接对零件加工程序进行编辑。

（1） Han's LaserNest 软件对单个零件编程的流程

Han's LaserNest 软件对单个零件编程的流程如图 1.7 所示。

图 1.7　单个零件编程的流程

① 打开。打开或导入 CAD 格式的零件图纸。

② 图形处理。检查导入图形是否有未闭合轮廓、重复线、断线等问题，并进行自动修复。

③ 切割参数。根据需求设置零件的引线、微连接、切割顺序、内外轮廓补偿值等参数。

④ 启动（模拟检查）。模拟检查切割路径、引线位置等是否合理。

⑤ 导出 NC。导出加工程序或保存工程文件（建议保存工程文件，方便后续可以改图）。

以上流程完成后，在实际操作时还需把程序文件或工程文件上传至机床。

（2）Han's LaserNest 软件对多个零件排样编程的流程

Han's LaserNest 软件对多个零件排样编程的流程如图 1.8 所示。

① 新建。新建加工项目。

② 零件。对导入的图纸进行检查处理，优化后添加到零件库，然后设置零件的数量、板材厚度及切割气体。

③ 板材。导入板材图形或新建标准板材到板材库，并设置板材的数量、板材厚度、切割气体等信息。

④ 排样。选择要排的零件和板材，设置零件间的间隔、板材边距、可旋转角度、是否共边排样等参数，然后单击“确定”即可进行自动排样。

⑤ 切割参数。根据需求设置零件的引线、微连接、切割顺序、内外轮廓补偿值等工艺参数。

⑥ 启动（模拟检查）。模拟检查切割路径、引线位置等是否合理。

⑦ 导出 NC。导出加工程序或保存工程文件（建议保存工程文件，方便后续可以改图）。

以上流程完成后，在实际操作时还需把程序文件或工程文件上传至机床。

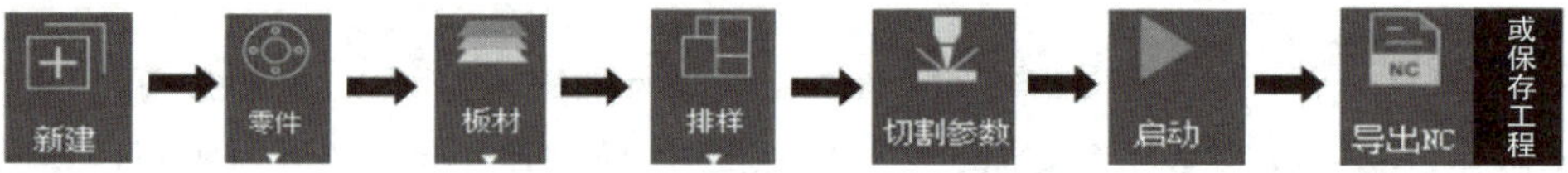

图 1.8　多个零件排样编程的流程

2. 设备操作

程序文件或工程文件发送到机床之后就可以准备进行生产了，设备生产操作的流程如下。

① 更换喷嘴。根据工艺参数备注的喷嘴规格更换对应的喷嘴，并检查喷嘴是否有损伤，喷嘴型号错误或者喷嘴本身的损伤都会影响切割的效果。

② 气体测试。气体测试可以帮助检查切割需要的气体是否打开，若未打开，则易导致镜片被激穿。同时气体测试会排出管道内的空气或上次切割残留的气体，以免因为气体不纯而影响切割的质量。

③ 同轴调校。若同轴不正，则会造成切割漏光，导致加工工件的相对的两个断面不一致，如一侧断面光滑、一侧断面粗糙。

④ 标定。可以校准切割头传感器的随动。随动不稳会造成切割头撞板或者高空出光，从而影响切割的质量。

⑤ 程序选择。在对应文件夹找到需要加工的程序。

⑥ 选择工艺参数。根据板材的板材厚度选择对应的工艺参数。

⑦ 设置寻边方式。寻边方式有 3 点寻边、当前寻边、手动寻边、圆板寻边 4 种。寻边方式需要根据生产的实际情况进行选择。

⑧ 走边框。走边框可以帮助操作人员判断板材大小是否足够、位置是否合适。

⑨ 开光切割。切割时应注意“首件必检”。

3. 异常问题处理

在设备切割过程中出现报警或者发现切割异常时，需要对异常问题及时进行处理。

① 上高压时出现“机器高压故障”报警：重启激光器然后重新上高压。

② 切割头碰撞报警：在处理完报警问题后小复位即可清除报警。

③ 上高压时“冷水机故障”报警：检查冷水机是否开启，开启冷水机后小复位即可清除报警。

④ 偶尔工件翻转：翻转的工件将会影响切割头移动，需要手动暂停，将工件移开之后再恢复切割。

⑤ 编程未加微连接，工件掉落废料车：给对应的切割层添加合适的微连接。

⑥ 工件频繁翻转，影响切割头移动安全：重新编程添加微连接或者在工艺参数里添加微连接。

⑦ 切割中途大复位后如何恢复加工：可以使用加工中断返回、续切、灵活进入、接刀开关等方式来恢复加工。

任务 1.3　常用辅助工具

任务描述

本任务通过介绍激光切割常用工具，使学生熟悉并掌握常用工具的使用方法和日常维护及保养。

任务实施

1. 常用工具及其使用方法

（1） 喷嘴

喷嘴是激光切割过程中不可或缺的工具，在对不同材质和厚度的板料进行切割时，需要频繁更换喷嘴。

更换喷嘴时需注意：逆时针（往左）旋转拧紧，顺时针（往右）旋转拧松，如图 1.9 所示。拧紧时，如果很难拧上去，切勿强行拧，这样易损伤喷嘴和陶瓷环螺纹。

（2）抓取工具

在激光切割加工结束后，工件上还残留切割时的高温，在拿取工件时，需要借助辅助工具隔绝高温。

工件表面温度与厚度之间呈线性关系，厚度增加，温度也会随之升高。

在激光切割过程中，无论是搬运板料还是拿取工件，都必须戴防护手套，并且防护手套必须是亚麻等材质的，如图 1.10 所示。切忌戴丝质手套去触摸工件，这样容易导致二次烧伤，也切忌空手直接触摸刚切割完成的工件。

在加工碳钢时，抓取工件的最佳工具是磁铁。在加工完成后，可以借助磁铁吸附工件，拿起来进行观看或放置。这种方式对于碳钢板材的厚度有一定的要求，若工件的尺寸和厚度太大，则便携式的磁吸工具不能满足使用需求；在大型的生产线加工过程中，会使用大型磁铁吸附式装置进行工件的搬运。

在加工不锈钢等其他材质时，在板材厚度较薄的情况下，可以借助防护手套隔绝热传递。为了安全，最好静置一段时间，待工件冷却后再戴防护手套尝试性拿取。

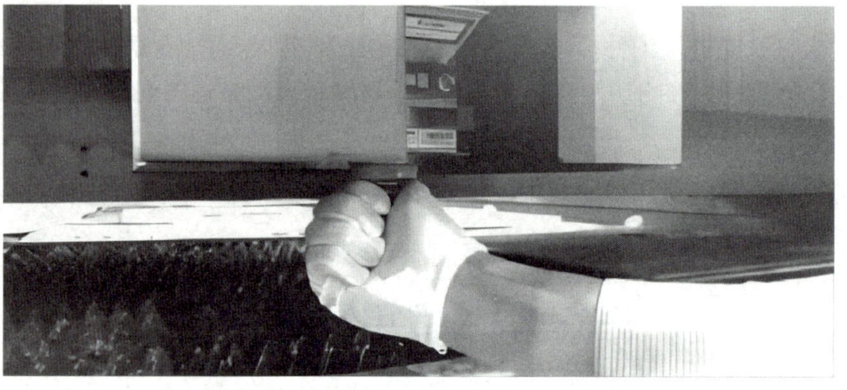

图 1.9　喷嘴更换

图 1.10　防护手套

（3）游标卡尺

游标卡尺是工业上常用的测量长度的仪器，它由尺身及能在尺身上滑动的游标组成，如图 1.11 所示。激光切割涉及不同行业，对切割工件有相应的精度要求，在加工结束后，一般需使用游标卡尺进行测量，查看是否需要进行工艺优化。

使用游标卡尺前需用软布将量爪擦干净，使其并拢，查看游标和主尺身的零刻度线是否对齐，如果对齐就可以进行测量；如果没有对齐，则要记取零误差。零刻度线在尺身零刻度线右侧的叫正零误差，在尺身零刻度线左侧的叫负零误差（这种规定方法与数轴的规定一致，原点以右为正，原点以左为负）。

图 1.11　游标卡尺

测量时，右手拿住尺身，大拇指移动游标，左手拿待测外径（或内径）的物体，使待测物体位于外测量爪之间，与量爪紧紧相贴时，即可读数。当测量零件的外尺寸时，卡尺两侧量面的连线应垂直于被测量表面，不能歪斜。测量时，应先轻轻摇动卡尺，放正垂直位置，否则，测量结果将比实际尺寸大；然后把卡尺的活动量爪张开，使量爪能自由地卡进工件，把零件贴靠在固定量爪上，接着移动尺框，用轻微的压力使活动量爪接触零件。若卡尺带有微动装置，此时可拧紧微动装置上的固定螺钉，再转动调节螺母，使量爪接触零件并读取尺寸。切忌把卡尺的两个量爪调节到接近甚至小于所测尺寸后，再将卡尺强制卡到零件上。这样做会使量爪变形，使卡尺失去原有的精度，或使测量面过早地磨损。

2. 工具的维护与保养

在日常生产过程中，对于切割过程中所用的工具要进行相应的维护与保养，以保证工具能够安全准确地使用。

（1）喷嘴

喷嘴是在激光切割过程中更换比较频繁的工具，存放时，最好将喷嘴放置在固定的存放盒内，如图 1.12 所示。不同类型的喷嘴分开存放，以便拿取和使用。

在激光切割过程中及加工完成后，都需要时刻留意喷嘴的头部是否有熔渣等残留物，如图 1.13 所示。在切割过程中如果出现没切透、爆孔、反渣等情况，要及时检查喷嘴的头部是否有熔渣残留或被堵住。如果没有及时清理或者更换，在后续的生产过程中，会对切割头内部的光学构件造成严重的损伤。

图 1.12　喷嘴存放盒

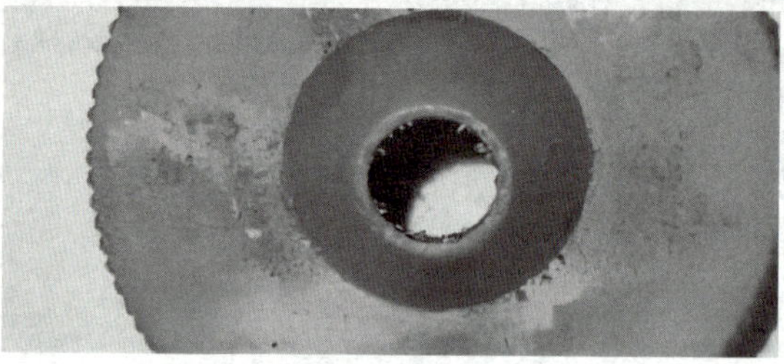

图 1.13　喷嘴头部的熔渣

在清理过程中，需用砂纸或者其他工具除掉表面的熔渣。如果喷嘴头部的孔已经被严重堵住，则需及时更换。

在生产过程中，不合理的参数或者长时间的切割都会导致喷嘴受热过多，从而产生形变，如图 1.14 所示，这种情况下也需要及时更换喷嘴。

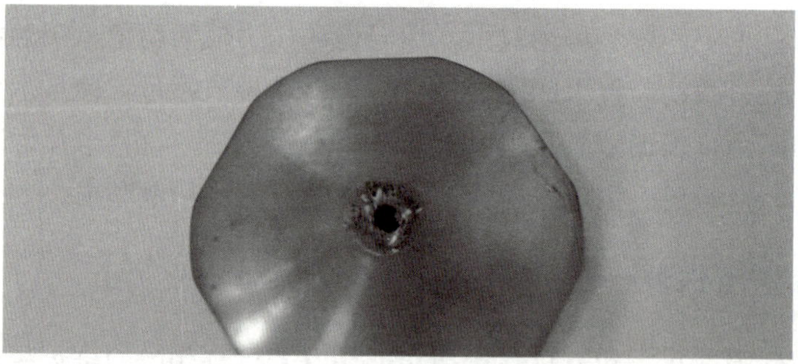

图 1.14　喷嘴受热变形

（2）抓取工具

抓取工具（如磁铁）被长时间使用后，表面的吸附端会留有细小的铁屑，累积过多时会导致磁性变弱。所以，在日常使用结束后可以用机床上用于喷嘴标定清理的硬毛刷去除磁铁表面吸附的铁屑。

（3）游标卡尺

在使用游标卡尺前，应先检查量具检定合格证是否在有效期内，如果没有量具检定合格证，则该游标卡尺不能使用。然后将游标卡尺擦干净，检查工件表面是否有锈蚀、碰伤及影响使用质量的缺陷等；检查尺框移动是否平稳、灵活，不应有时松时紧或明显晃动。再轻轻推动尺框使两个量爪合拢，待严密贴合、没有明显的漏光间隙时检查零位，这时游标零线与尺身零线、游标尾线与尺身的相应刻线都是对准的，如果对不准应及时送计量部门检修，不得自己随意调整和使用。

测量的力度要适当，过大或过小均会造成测量误差。为保持游标卡尺的精度，并延长其使用寿命，必须正确维护和保养游标卡尺。切忌把卡尺的量爪当作划针、圆规、钩子或螺钉旋具等使用，也不可用卡尺代替卡钳或卡板等使用。当游标卡尺受到损伤或量爪的测量面和尺身等表面有毛刺、弯曲、变形等情况时，应及时送计量部门检修，检修合格后才能使用，不能自行拆修。

测量结束后要把游标卡尺平放，尤其是大尺寸的游标卡尺，否则尺身易弯曲变形。游标卡尺使用完毕后要擦净上油，放在专用盒内，避免生锈或弄脏。

注意：不要将游标卡尺放在强磁场附近（如磨床的磁性工作台上），也不要将它和其他工具，如锤子、锉刀、凿子、车刀等放在一起。

任务 1.4　安全生产与实训安全

任务描述

安全是实训教学正常开展的基础，在参加实训之前需要对实训过程的安全知识进行系统的了解，以减少实训期间潜在的安全隐患。

任务实施

1. 实训前

① 必须经过专业培训和授权才能操作激光设备，必须熟悉和掌握激光切割机的结构、性能、调整方法和安全须知。

② 严格遵守设备安全操作规程，按规定穿戴好个人防护用品。

③ 除去身上所有反光的物品（如珠宝、金属首饰、手表等），避免激光光束意外折射，对人体造成伤害。

④ 保持激光切割设备及实训室的整洁有序，加工材料、成品和废料应分类放置。

⑤ 禁止在激光束附近放置易燃物品，且要将灭火器放在随手可及的地方。

⑥ 使用气瓶时，应避免压坏电线和激光冷却水管，以免漏水、漏电事故发生。开启气瓶时，操作者应站在瓶嘴侧面。

2. 实训过程中

① 设备开动时，操作人员及实训指导教师不得擅自离开工作区，以免发生紧急情况时不

能及时处理。如确需离开，应当停机或切断电源开关。

② 搬运、装卸加工材料时，要严防材料掉落伤人，且要戴防护手套，防止割伤。

③ 在设备通电状态下，不要触摸电气柜内带电的元器件。

④ 在未得到授权允许的情况下，严禁启动挂有警告牌的电气设备，如图 1.15 所示。

图 1.15　严禁启动挂有警告牌的电气设备

⑤ 开机后，应手动低速向 X 轴、Y 轴方向开动机床，检查确认有无异常情况。

⑥ 激光加工前，先走模拟边框，注意观察机床运行情况，以免切割激光头运行出有效范围而发生碰撞，造成事故。

⑦ 交换工作台前，应确保机床后面的工作台附近没有人员、板料摆放位置没有超出工作台加工区域，以免造成人身伤害或机床损坏。

⑧ 激光加工时，绝大多数板料都会产生烟雾和颗粒物。例如在加工金属时会产生重金属悬浮颗粒，这些颗粒会伤害人体的器官与组织。因此需提前了解被加工材料的性质，以及激光和该材料相互作用后可能产生的副产品，评估它们对健康的影响，并采取必要的防护措施。

⑨ 激光加工实训室的层高应该比普通实训室的高，以确保通风良好。室内需安装强劲的排气、换气装置，如果污染物排放量大，需要安装过滤装置，以免污染大气环境。

⑩ 激光和金属材料作用后，金属材料会残留大量的热量，不可立即触碰加工后的材料，以防烫伤。

⑪ 若加工过程中发现异常，应立即停机，必要时应挂上警示牌，并及时排除故障。

3. 实训结束后

① 实训结束后，应关掉激光器高压，将速度倍率开关调低至零，以免闲杂人员误操作引起危害。

② 实训结束后，应关闭电源，关闭气体阀门，清理工作现场，并对激光切割设备进行日常的保养与维护。

第二部分

案例实训

项目 2

家居建材领域的应用

项目描述

随着社会经济的发展和生活水平的提高，人们对生活必需品和用具也有了更高的要求，不仅要求其结实耐用，还要求其美观。家居建材行业作为与人们日常生活密切相关的行业，近年来也在不断发展。

传统生产中厨具、桌椅的加工主要靠数控冲床设备，然后配合抛光、剪板、折弯等工序完成，加工效率比较低，而且一套能精确冲压成型的模具需要单独设计，不仅不能满足用户的定制需求，成本也较高。而激光切割能够根据用户自身需求进行个性化制作，使厂家有更多的选择，在卖方市场更加具备竞争优势。激光切割在家居建材领域主要有以下几个优势。

（1）可个性化定制

对于茶几桌面上的精美雕刻（见图 2.1）、厨具刀柄上的 logo 图案或者窗花的镂空设计，都只需根据个性化的 CAD 图纸，结合编程软件进行简单编程，然后导入机床就能识别并加工出来。对于有一定精度要求的拼装或者焊接件（如桌腿、屏风），激光切割重复定位精度能达到 0.02 mm，完全可以满足其精度和定位需求。

（2）周期短，材料利用率高

使用传统加工工艺加工家居建材产品需要提前制作几套模具或者切削大量原料，对于单件或者量少的产品来说，这种工艺的生产成本极高，因此定价高，受众群体少。若使用激光切割工艺，从设计图纸到制作出所需数量的产品，所需时间较短，能节约生产工期，而且少了抛光、剪板等程序，也能减少机器和人工成本，并且一次图案设计终身可重复调用；同时计算机排样能做到最大限度地利用原料。

在家居建材行业中，激光切割可应用于建材（如楼梯围栏、防盗窗）、家具（如桌子、柜子）、厨具（如菜刀、筛网）、个性化装饰等方面。

通过本项目的学习，可以使学生掌握激光设备的操作方法，了解基本的程序设计处理、工艺应用，提高应对实际切割问题的能力。本项目以大族 LION 3015 光纤激光切割机为例进行介绍。

图 2.1 使用激光切割定制茶几

任务 2.1 展示柜案例实训

任务分析

1. 加工要求

毛坯为 800 mm×1 200 mm×2 mm 规格的不锈钢板材，要求在板材上加工出如图 2.2 所示的展示柜（共 2 个），其中图案需打标处理，且加工完成后不影响下一道折弯工序。

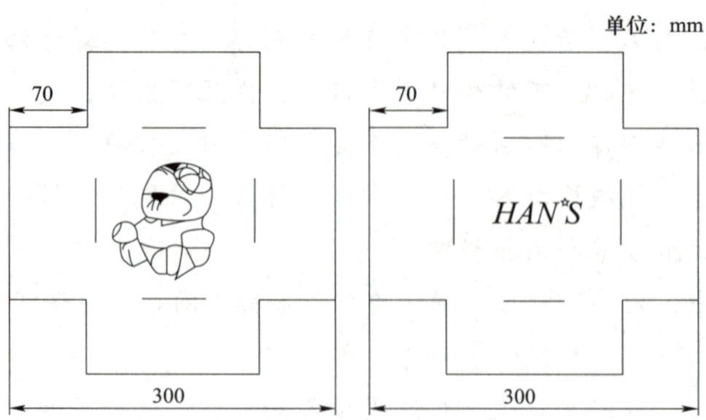

图 2.2 展示柜加工图纸

2. 加工图纸分析

从加工图纸可以看出，该零件图中包含两个零件，且两个零件样式略有区别。其主要区别在于内部的打标区域：第一个是玩偶，第二个是公司图标。样品整体为较规则图形，且最大尺寸为 300 mm×300 mm，两个零件并列在一起也能满足板材的切割尺寸。为了保证材料的利用率，在编辑程序时应考虑引线位置和是否采用共边处理。

3. 切割技术指标

要求切割面保留不锈钢材料的本色且下表面无明显毛刺，一般选择氮气作为辅助气体参与切割。为了保证打标位置的准确性，可采用先打标、后切割的加工方式。

任务实施

1. CAM 编程

新建工程，一次性处理多个零件时，可以使用套料软件进行编程，具体步骤如下。

（1）新建项目

打开 Han’s LaserNest 软件，进入软件操作界面。新建工程，会提示是否保存当前工程，如图 2.3 所示。

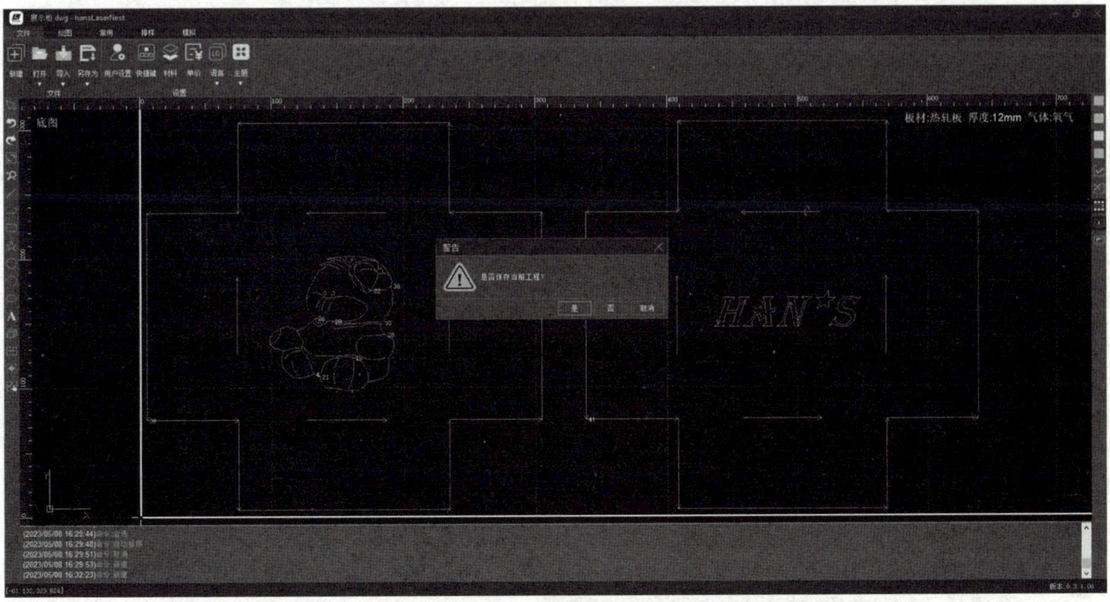

图 2.3　新建工程

（2）零件导入

新建工程完成后，单击“零件导入”命令，会弹出零件选择对话框，如图 2.4 所示。

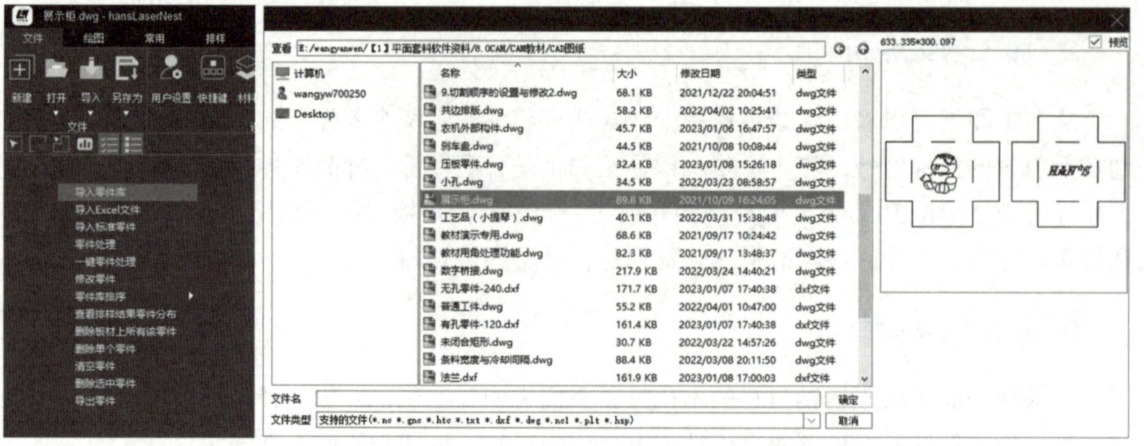

图 2.4　导入零件

选中目标图形后，单击“确定”，进入零件数量及工艺设置界面，有问题的零件会显示红色，如图 2.5 所示。

单击“确定”后，合法零件会被导入零件库，问题零件会进入导入零件编辑界面，如图 2.6 所示。

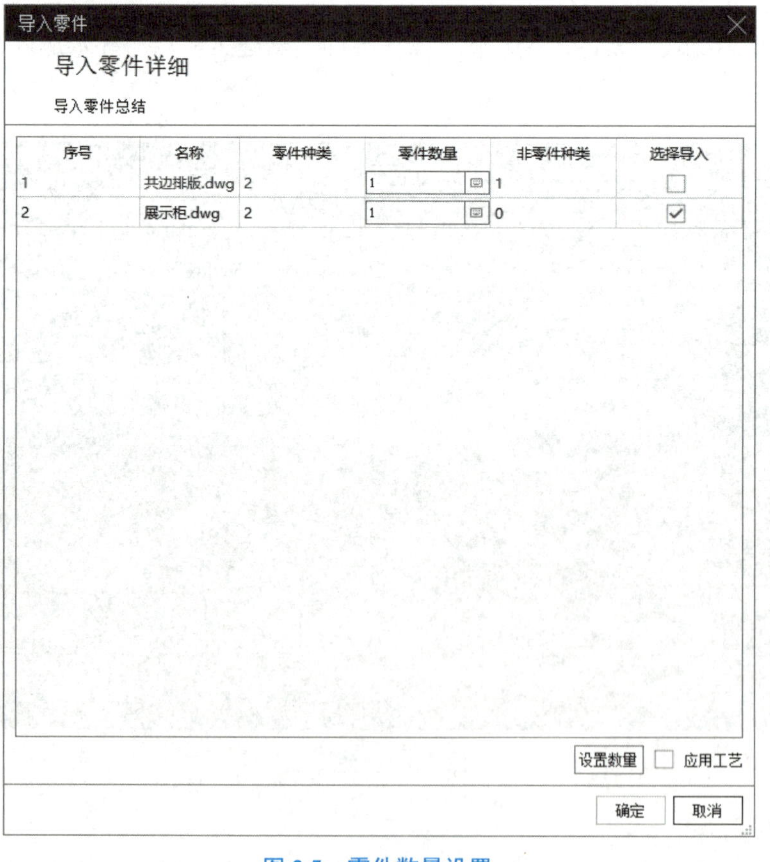

图 2.5　零件数量设置

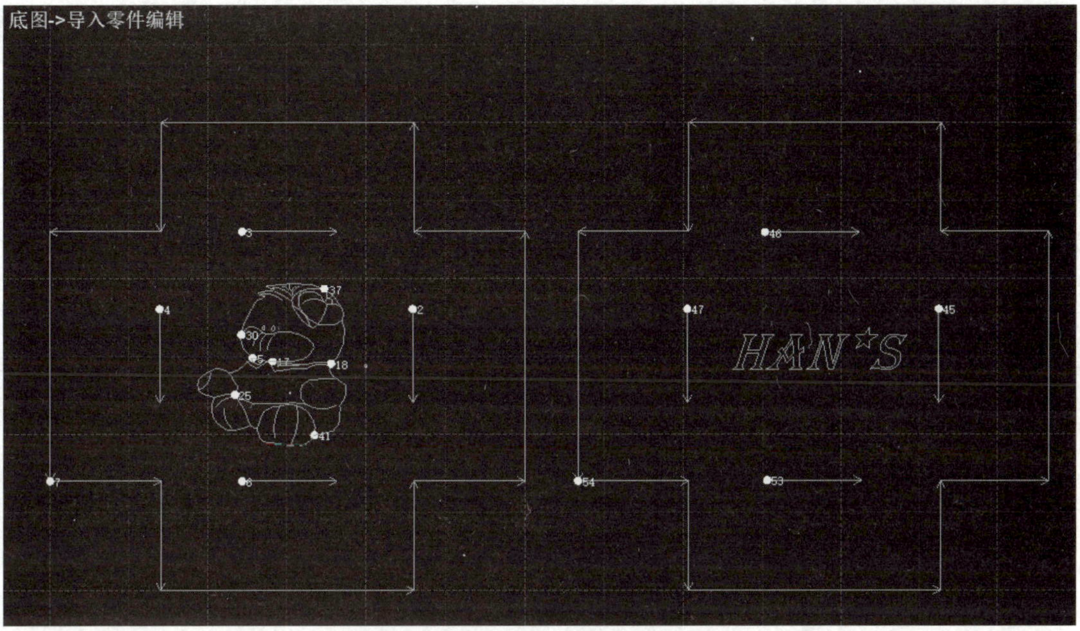

图 2.6 导入零件编辑界面

将问题零件修复完成后，再选中零件，右击鼠标，选择“添加到零件库”命令，将目标零件添加到零件库并设置数量，如图 2.7 所示。

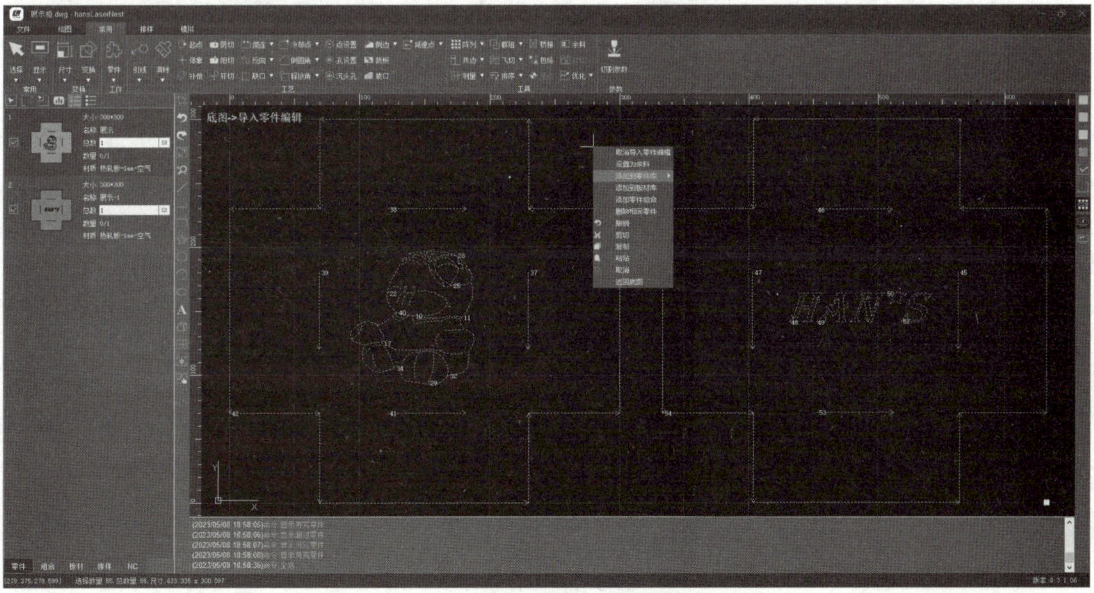

图 2.7 将零件添加到零件库

（3）新建板材

在板材栏空白处右击鼠标，选择“新建或导入板材”命令，会弹出新建板材设置对话框，可以对板材参数进行设置，如图 2.8 所示。

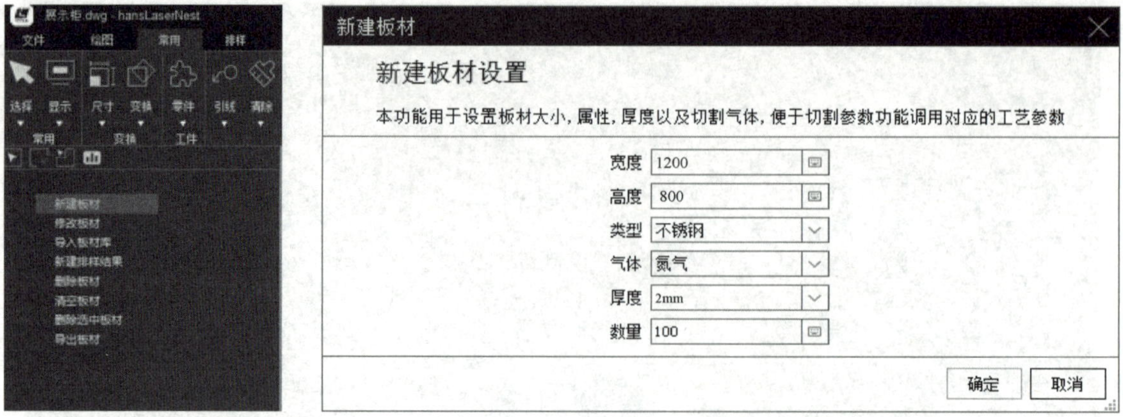

图 2.8　新建板材

（4）自动排样

板材设置完成后，单击“自动排样”命令，会弹出自动排样参数设置对话框，在自动排样过程中需要设定零件之间的间距。为了保证加工时切割边缘的质量，可以将板材边距设置得稍大些。为了节省材料，提高板材利用率，对于规则零件可以使用共边排样功能，即将排样参数中的“共边”选项勾选上，如图 2.9 所示。

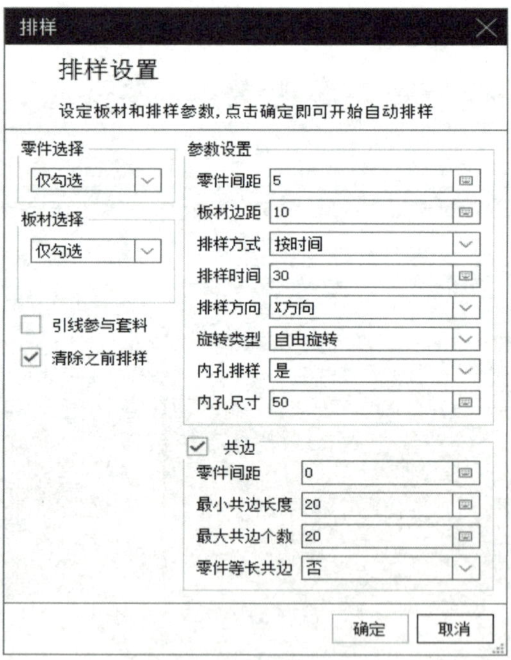

图 2.9　自动排样

自动排样参数设置完成后，单击“确定”，软件就会进行自动排样。在自动排样的过程中可对排样结果进行预览，当排出想要的结果时，可单击“停止”命令，软件将停止排样，如图 2.10 所示。

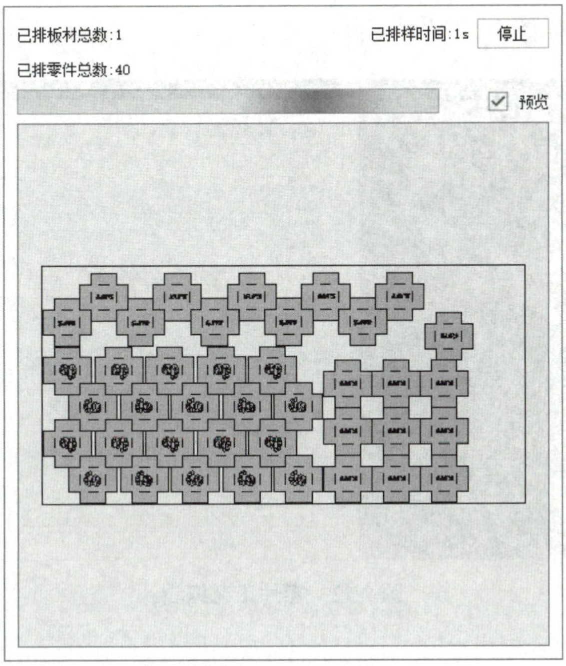

图 2.10　自动排样预览

自动排样结束后，双击排样结果，可将排样结果打开，如图 2.11 所示。

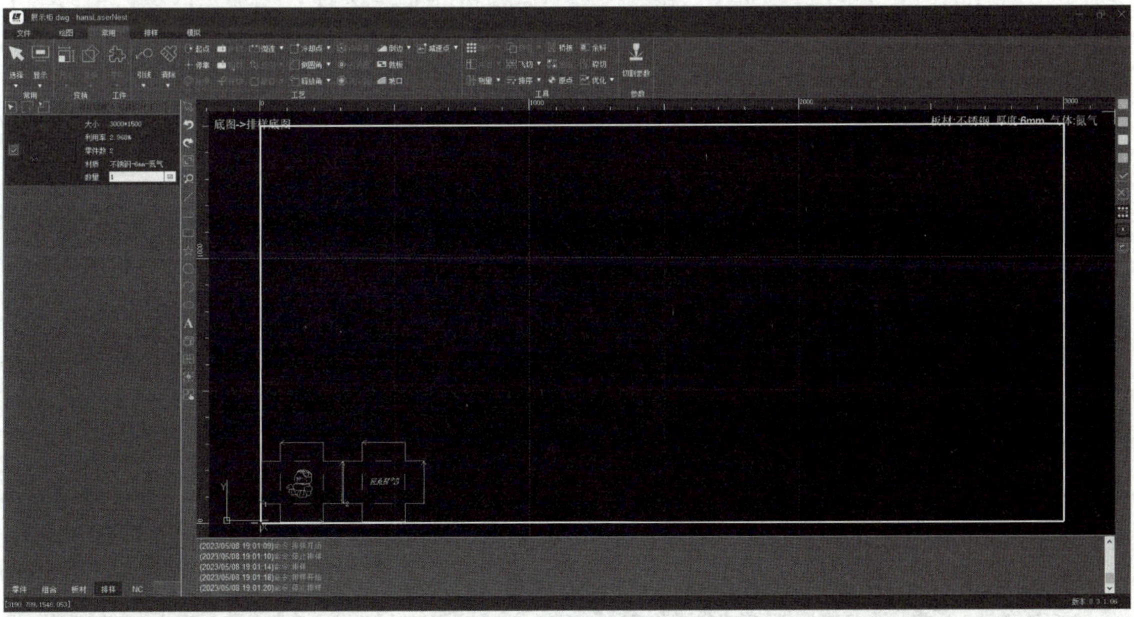

图 2.11　排样结果

（5）切割参数设置

打开排样结果后，可对排样零件进行编辑，如添加引线、设置图层、添加补偿、添加微连接等。若需对零件内轮廓分层，可双击该零件，进入零件工艺编辑状态后，可单独选中零件内部轮廓进行编辑，如图 2.12 所示。

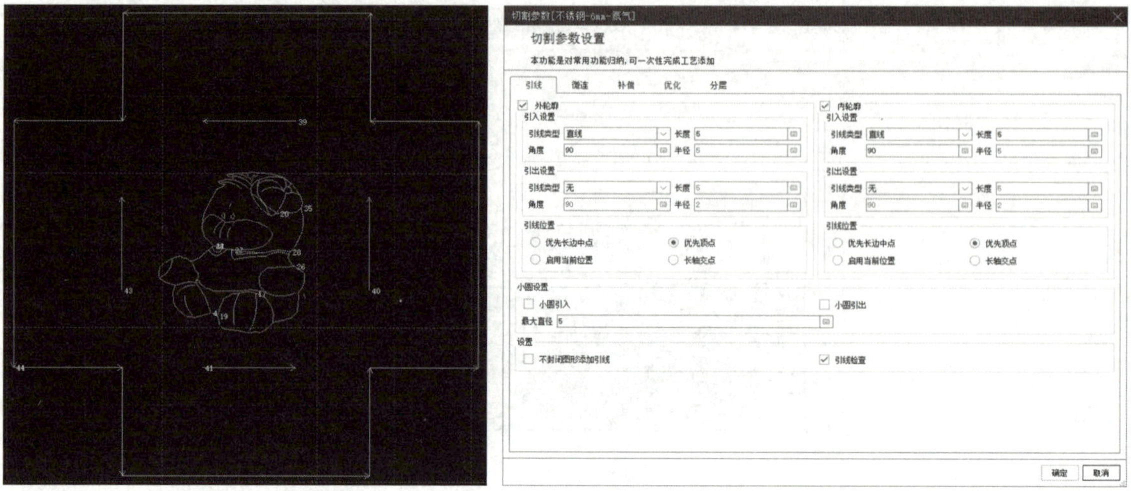

图 2.12　零件工艺编辑

（6）程序模拟

零件工艺编辑完成后，可对零件加工路径进行模拟，以便检查加工路径是否合理、是否经过已加工区域。若经过已加工区域，可使用起点功能对零件或轮廓起点进行调整，以保证零件路径加工合理，如图 2.13 所示。第一个零件加工完成后就会经过已加工区域，当第一个零件切割完翘起时，切割头直接过去会有碰撞的风险，所以需要使用起点功能将第一个零件的起点调整到零件的右边，如图 2.14 所示。

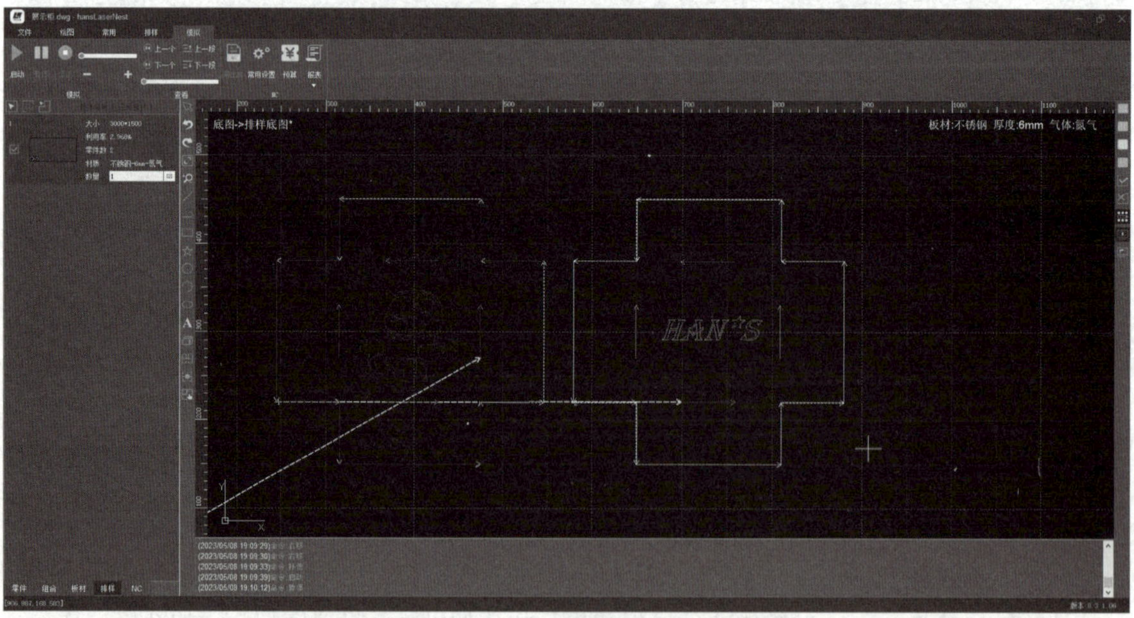

图 2.13　加工模拟

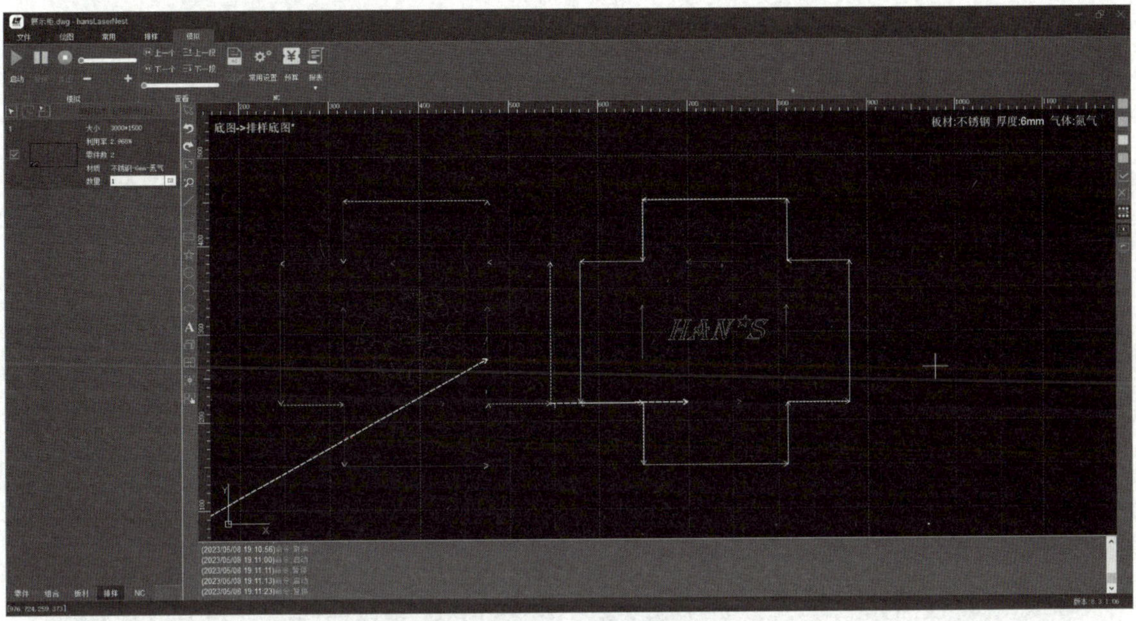

图 2.14 起点修改

（7）导出加工程序或保存工程文件

确定模拟没有问题后，可直接导出加工程序或保存工程文件，单击“导出 NC”命令，会弹出 NC 导出参数设置对话框，可选择 NC 导出位置，设置导出格式及起始行号等，如图 2.15 所示，也可另存为工程文件。

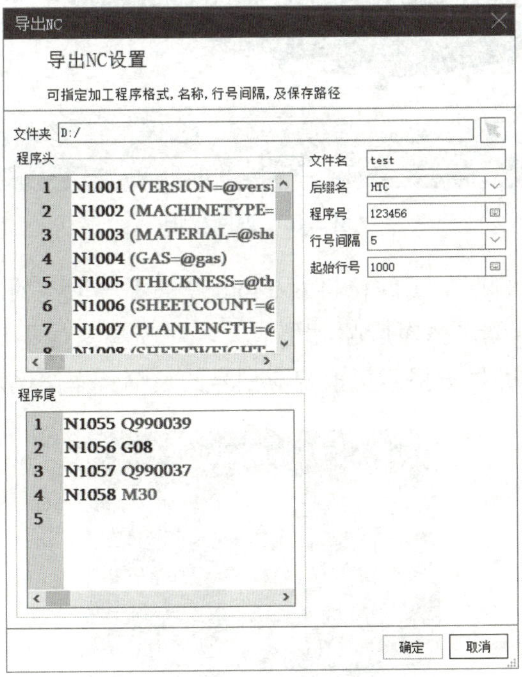

图 2.15 导出 NC 设置

（8）程序上传

工程文件保存完成或加工程序导出完成后，可将加工程序或工程文件上传至机床，或者通过外部存储设备将程序文件或工程文件导入到机床，即可用来进行切割。

2. 设备操作

将可被识别的程序导入机床后，即可开始切割的相关操作。操作机床时，务必注意人员的安全防范。切割前应检查冷水机是否开启、激光器是否已上高压、抽风系统是否正常。

（1） 喷嘴更换

先将切割头移动到适合更换喷嘴的位置（服务位置），LION 型号机器为“返回标记”，如图 2.16 所示。

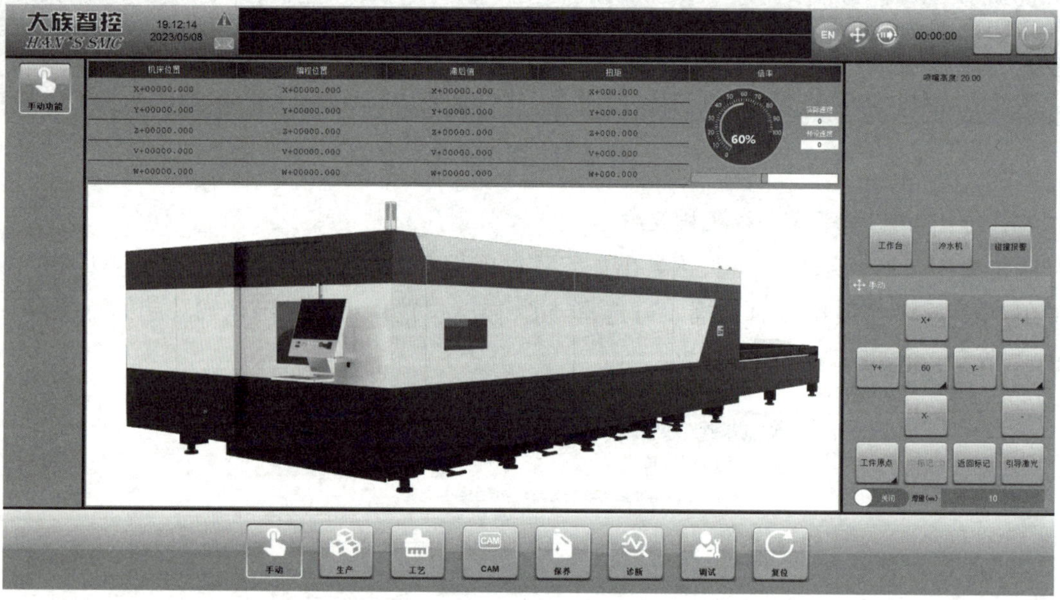

图 2.16　返回标记

根据工件加工要求，判断加工的材料为 2 mm 厚的不锈钢，辅助切割气体为氮气。可根据板材材质和辅助切割气体选择对应喷嘴型号。若对喷嘴型号不熟悉，可到工艺界面（见图 2.17）查看参数信息，并根据提示更换相应型号的喷嘴。本案例可使用 D2.0C 喷嘴。

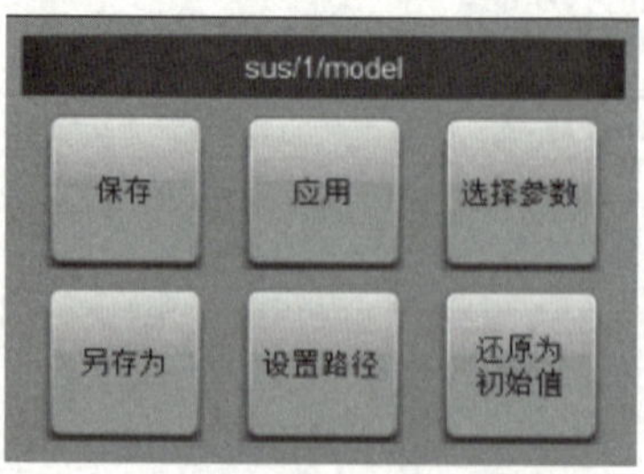

图 2.17　工艺名称

（2）气体测试

换好喷嘴后，从“生产”界面处单击“气体测试”按钮进行气体测试。因为选择的辅助气体是氮气，所以需要测试氮气压力是否达到切割要求，并排空机床内上次切割使用的气体，防止气体不纯影响切割效果。氮气连接的是高压管道，建议设置 8 bar（800 kPa），放气 2～3 s 即可。若切割时使用的辅助气体是其他类型，气体测试时低压气体可设置 2 bar（200 kPa），高压气体可设置 8 bar（800 kPa）。

高压气体一般为空气、氮气，有些激光切割设备的高压气路是没有经过比例阀控制的，在软件界面不能直接控制高压气体的压力大小，这时需要检查机床侧面的高压减压阀，如图 2.18 所示，上面所显示的压力为实际切割过程中使用的高压气体的压力。

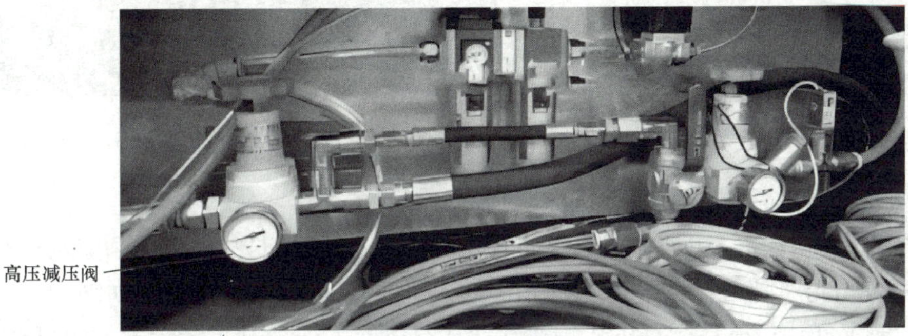

图 2.18　气体控制阀

具体操作步骤为：“生产”界面（见图 2.19）—“气体测试”（见图 2.20）—“高压氮气”（见图 2.21）—输入数值后，按回车键—“气体打开”。

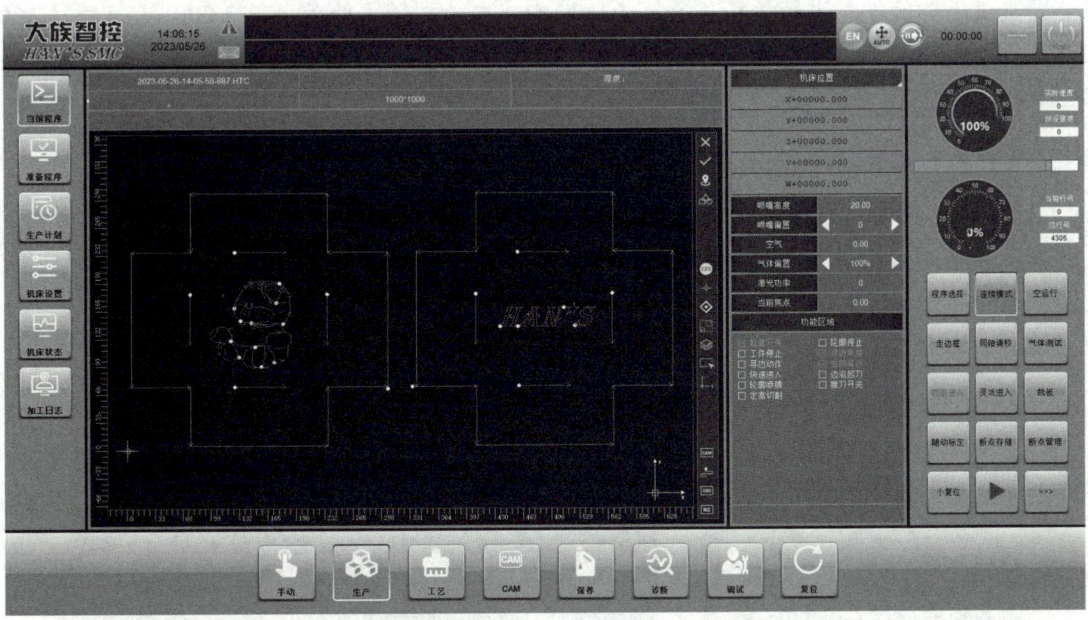

图 2.19　生产界面

图 2.20　气体测试

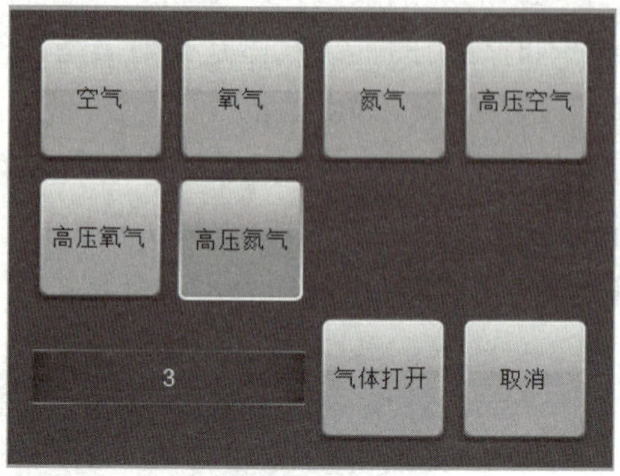

图 2.21　高压气

（3） 同轴调校

为了保证零件的 4 个切割面都具有一样的切割效果，在进行激光切割前及每次更换喷嘴后，要确认激光光路是否在切割喷嘴的正中心。如果同轴偏离，会影响切割同一个工件时不同方向的切割效果，从而导致精度出现问题，甚至出现工件切割不透或表面粗糙挂渣等现象。

具体操作步骤为：将透明胶带放置在切割喷嘴下方，单击“生产”界面中的“同轴调校”选项，如图 2.22 所示，单击“启动”并关闭激光。待机床出光动作结束后，拿起透明胶带面向光亮处，查看光点是否打在喷嘴中心位置，即确定同轴是否有偏差，如有偏离（偏差）则调节切割头上的旋钮，进行校正。重复上述操作，直至同轴无偏差。以 3 000 W 激光器为例，同轴调校功率和时间设定如图 2.23 所示。

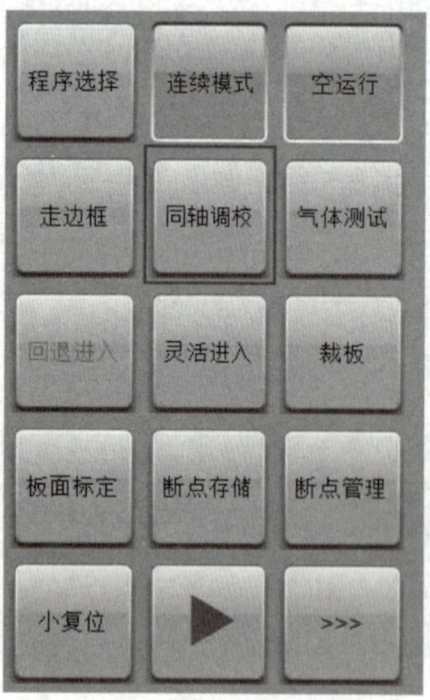

图 2.22　同轴调校

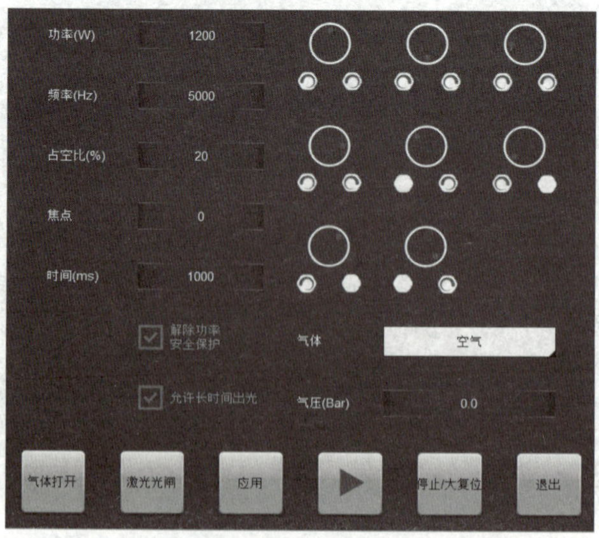

图 2.23　同轴调校功率和时间

（4）切割头标定

标定操作是为了让机床确认切割头到板材的距离，避免切割过程中切割头抖动或者撞板。将切割头的准备工作做完后，要对切割头重新进行“标定”。因为不同的喷嘴，其大小、规格不同，更换切割喷嘴后，如果不进行标定很容易出现喷嘴在切割过程中碰撞板材而报警的情况。

标定分为两种：一种是“清刷标定”，另一种是“板面标定”，二者操作方式略有区别，任选其一即可。标定前需将切割头移动到板材上方 10 mm 左右，然后将速度倍率调到 100%，如图 2.24 所示。

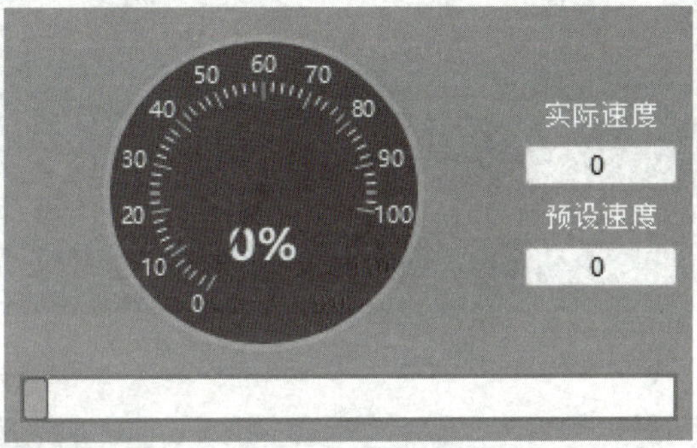

图 2.24　速度倍率

具体操作步骤为：“生产”界面—“随动标定”（见图 2.25）—“板面标定”（见图 2.26）—“启动”。标定完成后会生成一条标定曲线，如图 2.27 所示。

图 2.25　随动标定

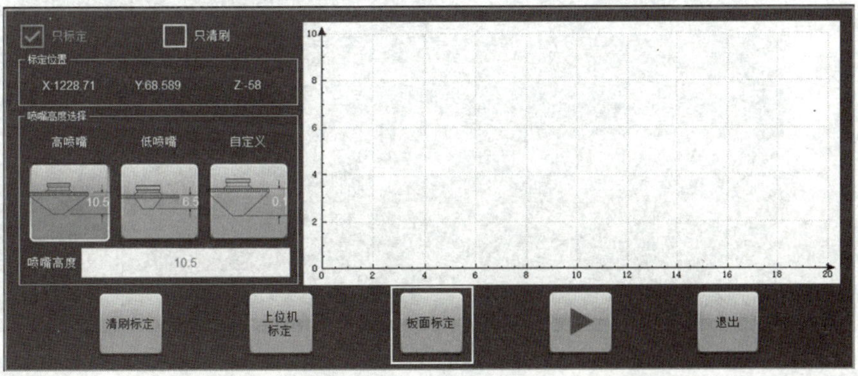

图 2.26　板面标定

以上 4 个步骤是切割前的准备步骤，全部完成后再切换到手动界面，将切割头手动移动到板材上方的合适位置，然后开始加工。

（5）程序选择

从机床界面中选择要加工的程序，在“生产”界面单击“当前程序”，如图 2.28 所示。选择编辑好的加工程序，加载加工程序完成后，会弹至“生产”界面。

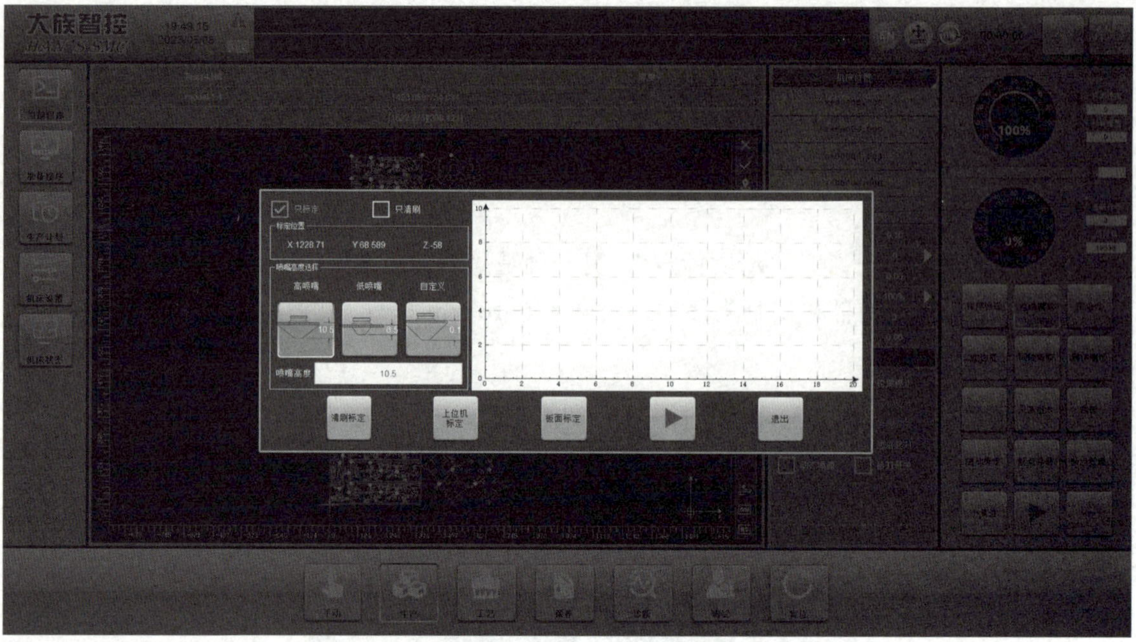

图 2.27　标定曲线

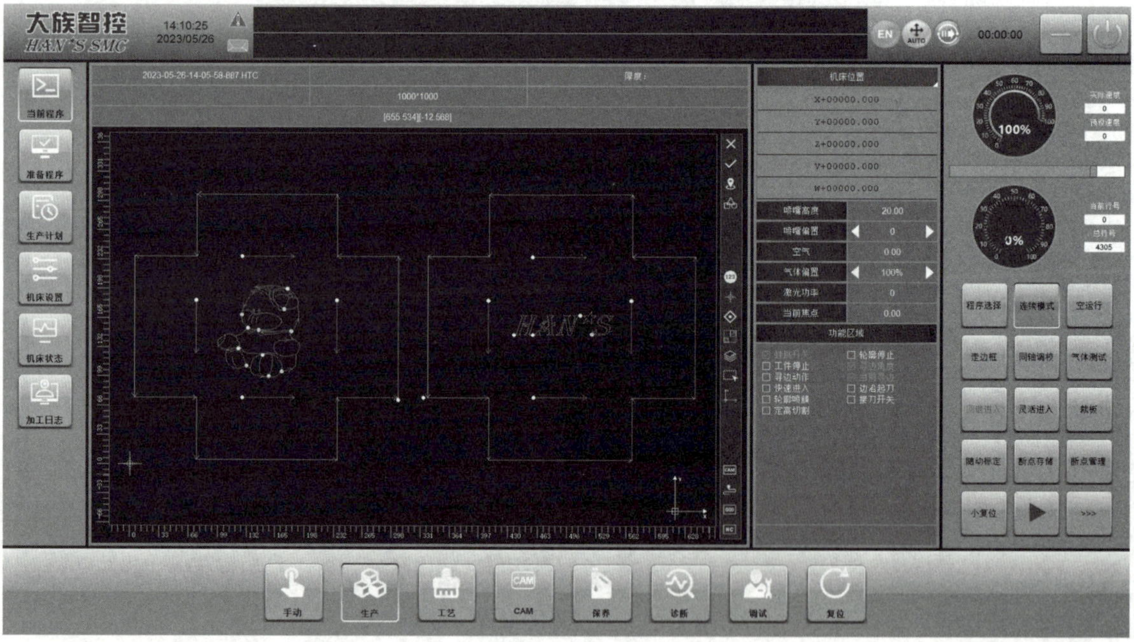

图 2.28　程序选择

（6）工艺参数选择

根据此次加工需要的板材材质和辅助气体选择对应的工艺。从程序显示上不难看出，加工过程中除了需要切割外，还有一层打标层，所以在选择工艺参数时应先注意打标层参数是否完整。根据颜色可区分加工区域，其中绿色路径为切割一层，红色路径为打标层。这里所说的“打标”即为设备操作面板中显示的“标刻”工艺。

工艺参数文件根据一定的规则命名，界面上的参数（见图 2.29）是可以实时修改的。如果需要修改，切勿覆盖原始参数，防止原始参数丢失而造成损失。

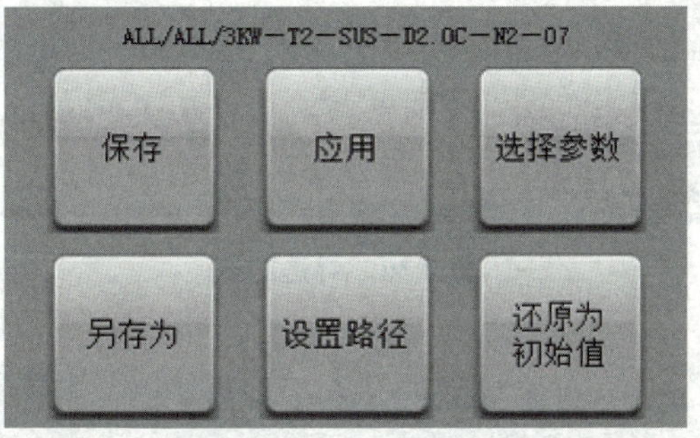

图 2.29　工艺参数界面

选择此工艺参数的具体操作步骤为：“工艺”—“选择参数”—“SUS”—“ALL”。

本任务的工艺参数名称：3KW—T2—SUS—D2.0C—N2—07，其中命名规则如下。

3KW：使用的功率为 3 kW。

T2：板材厚度为 2 mm。

SUS：使用的材料是不锈钢。

D2.0C：使用的喷嘴是 D2.0C。

N2：切割辅助气体是氮气。

07：文件备注是 07，代表此工艺文件是单独备注的。

如果担心工艺参数的稳定性，也可以先选择一个小的工件试切，进行“首件必检”的程序操作，确定加工效果良好后再选择目标程序。小工件的程序可以在机床内部选择，也可以自行编辑。一般来说，为了保证加工质量、节约材料，都会有此工序。

（7）寻边设置

由于提供的毛坯板材较大，实际摆放到加工位置时可能会导致板材角度略有偏差。为了弥补角度偏差问题，可在“生产”界面中开启“寻边”功能，以确保机床在切割运行时能够自动确定板材位置，从而准确切割。

寻边有 4 种方式可供选择，如图 2.30 所示。其中，“当前寻边”需要将切割头移动到待切割板材上方，“3 点寻边”只需提前设定寻边的起点而不需要手动移动切割头。寻边方式根据实际情况进行选择即可。选用“3 点寻边”或者“当前寻边”，让机床在开始切割前先计算板材的偏置角度，保证零件和板材的相对位置。需要注意的是，如果使用的板材是非正规的矩形板材或者是已经被切割过的板材，应选用“当前寻边”或者“3 点寻边”，需注意选用“3 点寻边”时要设置 X 寻边范围或 Y 寻边范围（见图 2.31）。

具体操作步骤为：“生产”界面—“机床设置”—“寻边功能”—“寻边动作”—“当前寻边”。注意此时不用单击“启动”。

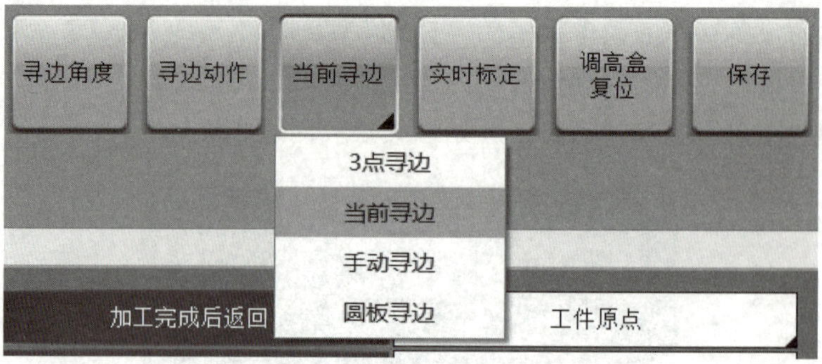

图 2.30　寻边方式

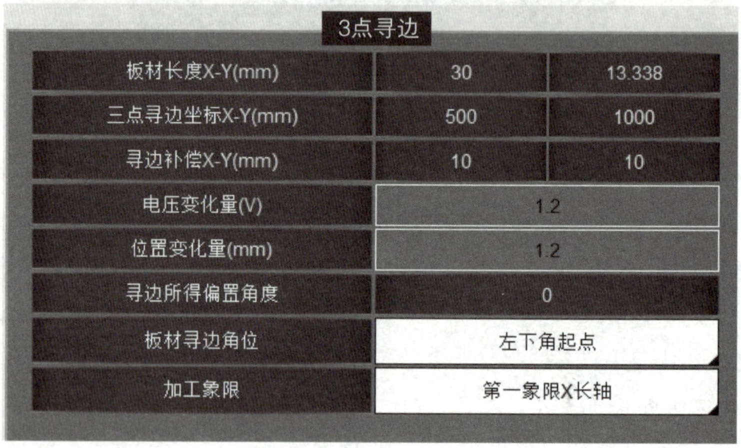

3点寻边		
板材长度X-Y(mm)	30	13.338
三点寻边坐标X-Y(mm)	500	1000
寻边补偿X-Y(mm)	10	10
电压变化量(V)	1.2	
位置变化量(mm)	1.2	
寻边所得偏置角度	0	
板材寻边角位	左下角起点	
加工象限	第一象限X长轴	

图 2.31　设置“3 点寻边”

注意事项：

① 若只开启“寻边功能”而不开启“寻边动作”，则切割头寻边的动作不会被激活且会使用上次寻边得到的偏置角度。此操作常用在加工中断返回功能中。

② 如果考虑使用此功能，务必在编程时加上零件偏置。

③ 在寻边过程中，请勿改变机床速度倍率。

④ 寻边时切割头必须在板材上方。

⑤ 寻边时板材内部必须完整。

（8）走边框

在进行切割前，为了确保板材有足够的空间可以进行工件的切割，需要先进行走边框操作，查看工件的切割范围是否受限。将切割头移动至板材对应切割位置，打开“生产”界面，选择“走边框”，启动后观察切割头移动轨迹是否在板材上，是否有充足空间进行切割。如图 2.32 所示，“走边框”按钮亮即代表开启此功能。单击“启动”，开始走边框后，切割头沿加工程序最小的包含外边框的范围运行一周，进入暂停状态。只要“引导激光”一直处于开启状态，就可以自行观察加工位置是否充裕。因为已经开启“寻边动作”和“走边框”，切割头会先开始寻边，寻边完成后才开始走边框。

（9）开光切割

当机床界面中的“引导激光”按钮亮时，引导激光开启，切割头出红光；当机床界面中的“激光光闸”按钮亮时，激光光闸开启，切割头可正常出光切割。“引导激光”和“激光光闸”二者互锁，如图 2.33 所示。

图 2.32 激活“走边框”

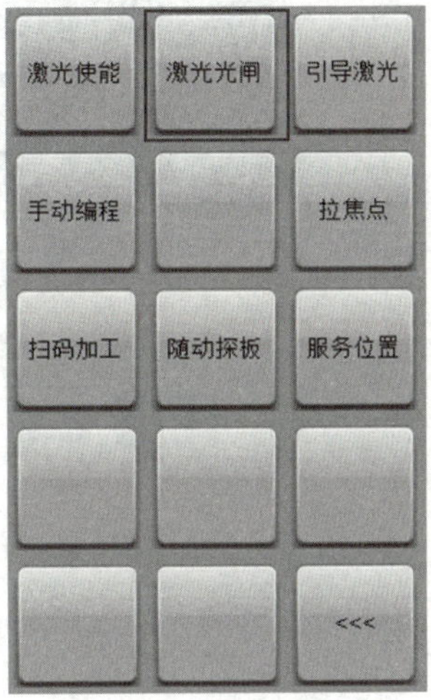

图 2.33 激光光闸

待切割前准备工作完成且确认无误后开始进行开光切割。在开始前要先关闭激光防护安全门，一方面保护眼睛，另一方面防止切割过程中产生的火花飞溅，造成物品损坏或人身伤害。关闭防护安全门后，开启“激光光闸”，将切割速度倍率设置到 100%，单击操作面板上的“NCSTART”按钮，单击“启动”即可开始切割。在激光切割过程中，手指应放置在“急停”按键上，一旦出现意外情况，应立即按下“急停”按键，将损害降至最低。

3. 切割成品展示

激光加工后的展示柜整体如图 2.34 所示，需打标的区域已标刻处理，用手指触摸会有向下凹陷的感觉，打标位置易分辨，切割区域整体无毛刺，断面光亮。所有转角区域无烧黑或者挂渣现象，下表面平整，如图 2.35 所示。

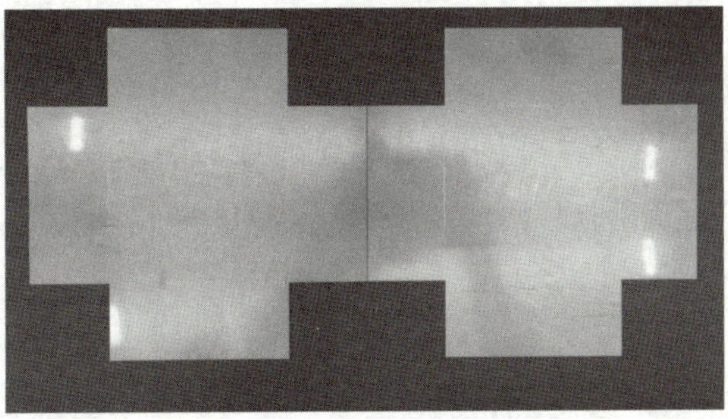

图 2.34 展示柜整体

图 2.35　切割成品细节

任务 2.2　窗花案例实训

任务分析

1. 加工要求

毛坯为 500 mm×500 mm×6 mm 规格的碳钢板材，要求在板材上切割出如图 2.36 所示的窗花，工件加工后要求为可喷漆处理。

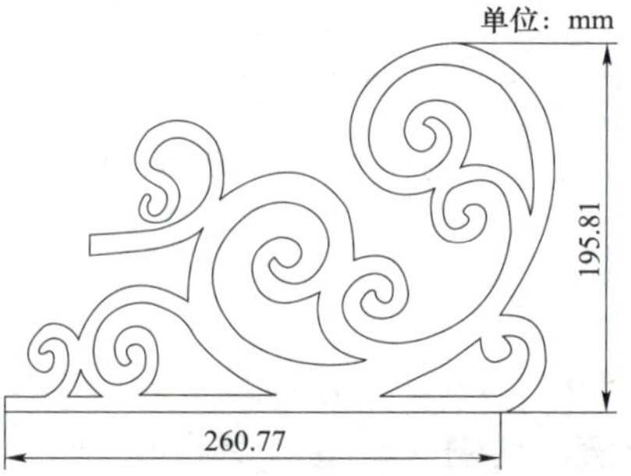

图 2.36　窗花加工图纸

2. 加工图纸分析

从加工图纸可以看出，该窗花装饰品为不规则复杂图形，且最大尺寸不超过 300 mm×200 mm，板材大小完全满足切割尺寸。为了保证窗花的平整和美观，在编辑程序时应考虑好引线的位置。

3. 切割技术指标

要求切割面均匀平整且无明显毛刺，选择氧气作为辅助气体参与切割。

任务实施

1. CAM 编程

（1）打开文件

这里只需加工一个零件，可以直接使用“打开”功能，将零件图纸导入到视图窗口中。

双击 Han’s LaserNest 软件图标（见图 2.37），进入主界面。单击“导入”或“打开”命令，找到图纸所在文件夹，选择待加工的零件图纸，如图 2.38 所示。

图 2.37 Han’s LaserNest 软件图标

图 2.38 导入零件图纸

软件的默认单位为公制单位（mm），如需更换，可在如图 2.39 所示的用户参数界面中更换为“英制”。本次加工单位默认为“公制”。确认单位正确后，单击“确定”，完成设置。

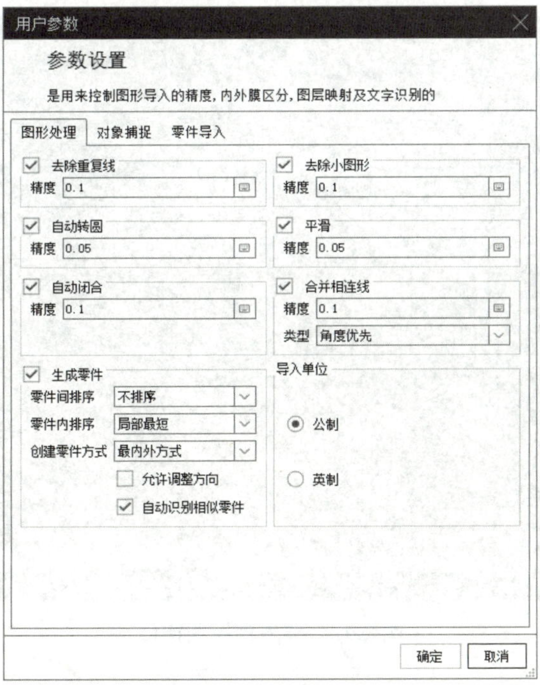

图 2.39 公英制设置

（2）图形处理

勾选“预览”查看零件图纸，如图 2.40 所示，在右侧的预览窗可以看到零件的轮廓图形。在正常生产过程中零件图纸会比较多，可以通过命名及预览来确定所要加工的零件图纸。

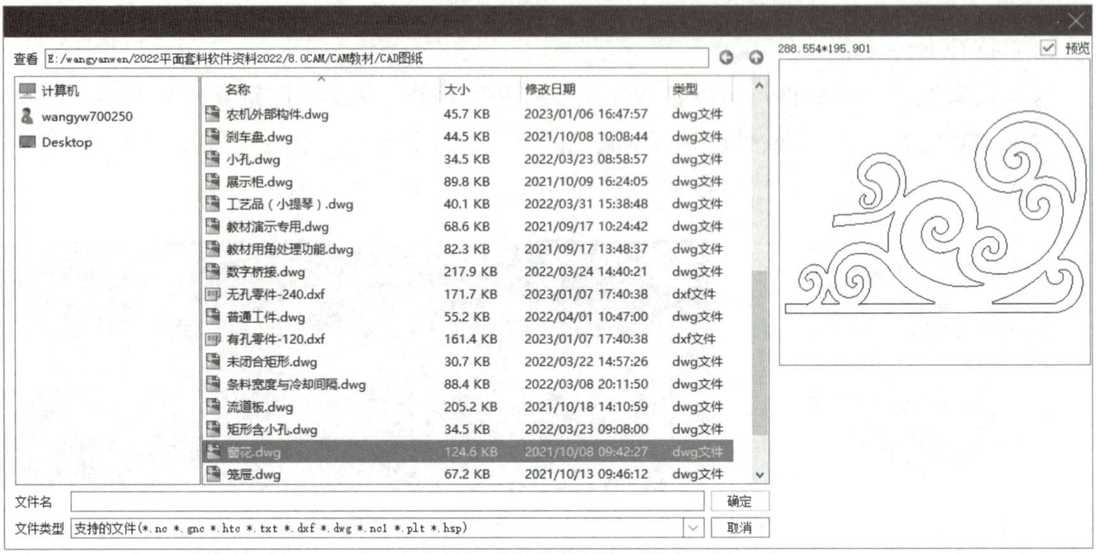

图 2.40　导图预览

确定零件图纸后，直接将其导入软件，如图 2.41 所示。

图 2.41　导入到视图窗口

零件图纸导入完成后，可对板材（零件）材料类型进行设置。双击白色实体边框，会弹出板材设置对话框，并勾选“设为零件大小”选项，如图 2.42 所示。

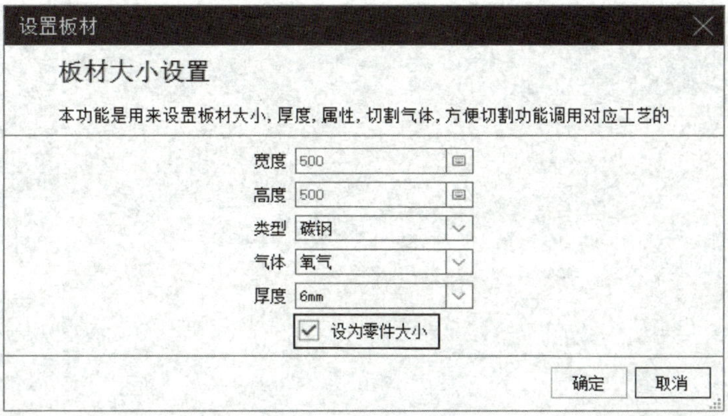

图 2.42 板材设置

（3）切割参数设置

板材设置完成后，可使用“切割参数”功能对零件加工工艺进行编辑，即添加引线、微连接、补偿、路径优化等，如图 2.43 所示。工艺设置完成后，单击“确定”，即可完成工艺添加，如图 2.44 所示。

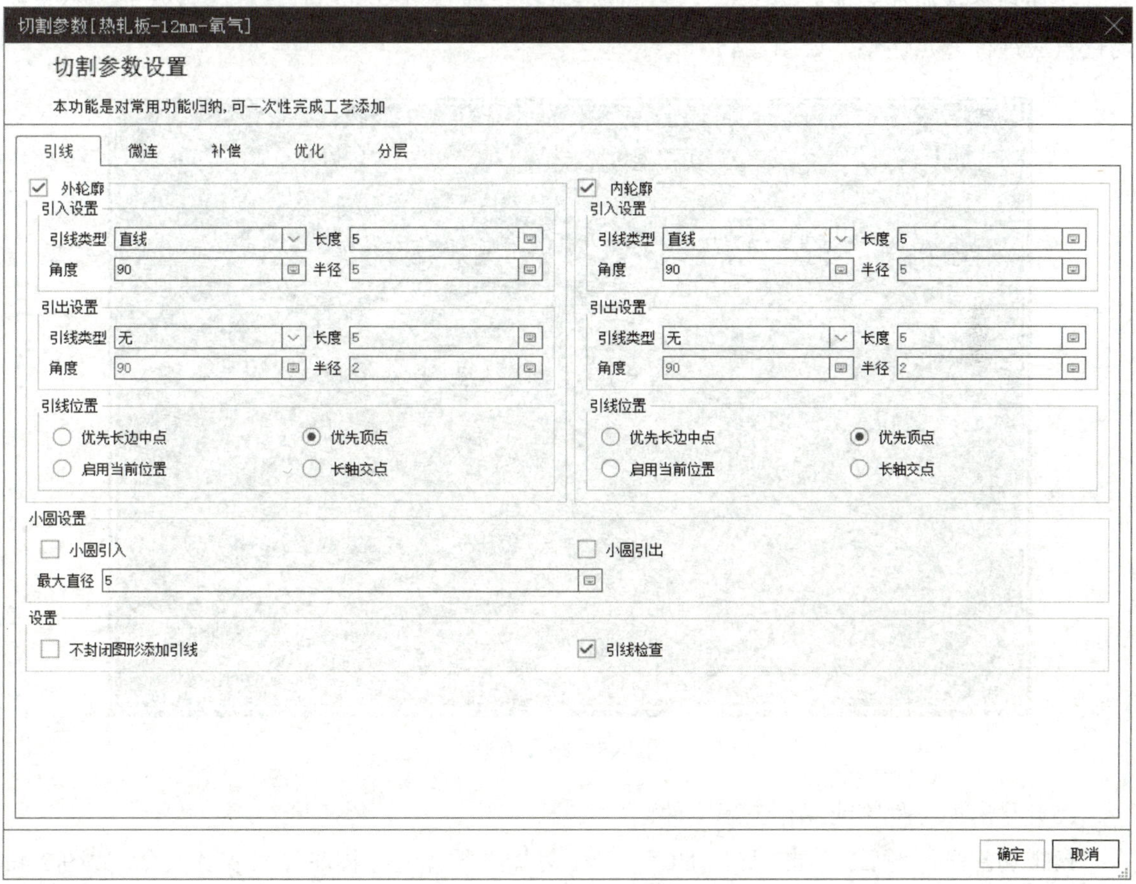

图 2.43 切割参数设置

图 2.44　切割参数添加后

（4）程序模拟

在切割参数添加完成后，可对切割路径进行模拟检查，查看切割路径是否合理，不合理的位置应进行起点调整，如图 2.45 所示。

图 2.45　路径模拟

（5）导出加工程序或保存工程文件

模拟切割没问题后，单击“导出 NC”命令，对加工零件进行程序导出或者保存，如图 2.46 和图 2.47 所示。

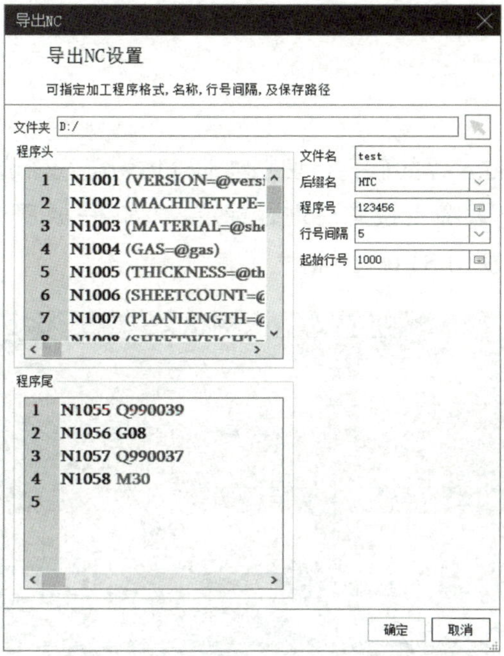

图 2.46 导出 NC

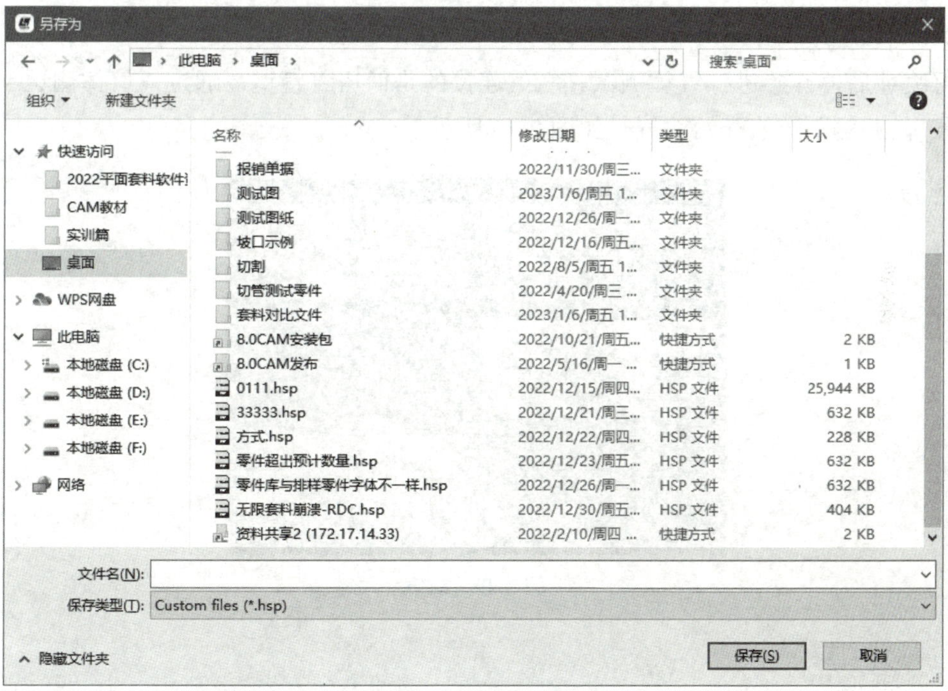

图 2.47 另存为工程文件

（6）程序上传

导出加工程序或保存工程文件后，将加工程序或工程文件上传至机床，或者通过外部存储设备将程序文件或工程文件导入到机床，即可用来进行切割。

2. 设备操作

（1） 喷嘴更换

确定加工的材料为 6 mm 厚的碳钢，切割辅助气体为氧气。选择对应喷嘴，将切割头移动到合适位置更换喷嘴。喷嘴更换完后进行标定，标定完成后选择对应的工艺参数，如图 2.48 所示。本案例建议使用 S1.0e 喷嘴。

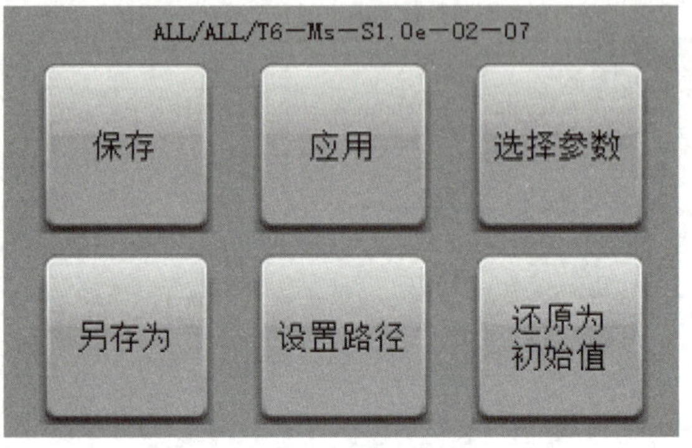

图 2.48　工艺参数界面

（2） 气体测试

换好喷嘴后，开始进行气体测试。氧气连接的是低压气管道，通过“气体测试”选项选择“氧气”，并输入数值开始放气，如图 2.49 所示。

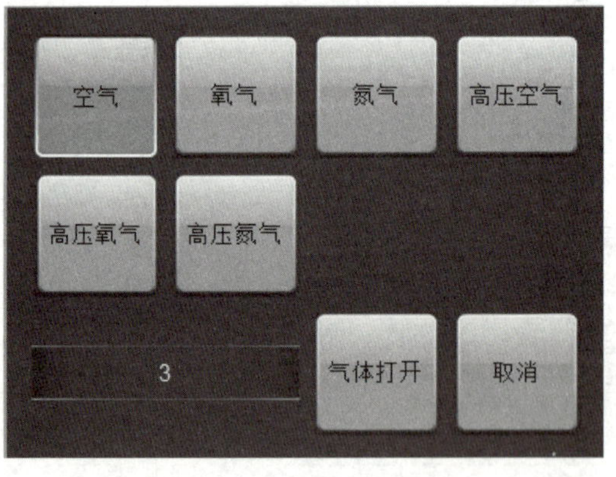

图 2.49　氧气

（3） 同轴调校

具体操作参考展示柜案例。使用氧气切割的喷嘴内径一般较小，激光同轴度对切割效果的影响很大，因此当使用氧气作辅助气体时，每次更换喷嘴后，都需要进行一次同轴调校的操作。

（4） 切割头标定

具体操作步骤为：“生产”界面—“随动标定”（见图 2.50）—“板面标定”（见图 2.51）—

“启动”。若机床加工区域无铜刷和标定块，则不能使用“清刷标定”功能。

图 2.50　随动标定

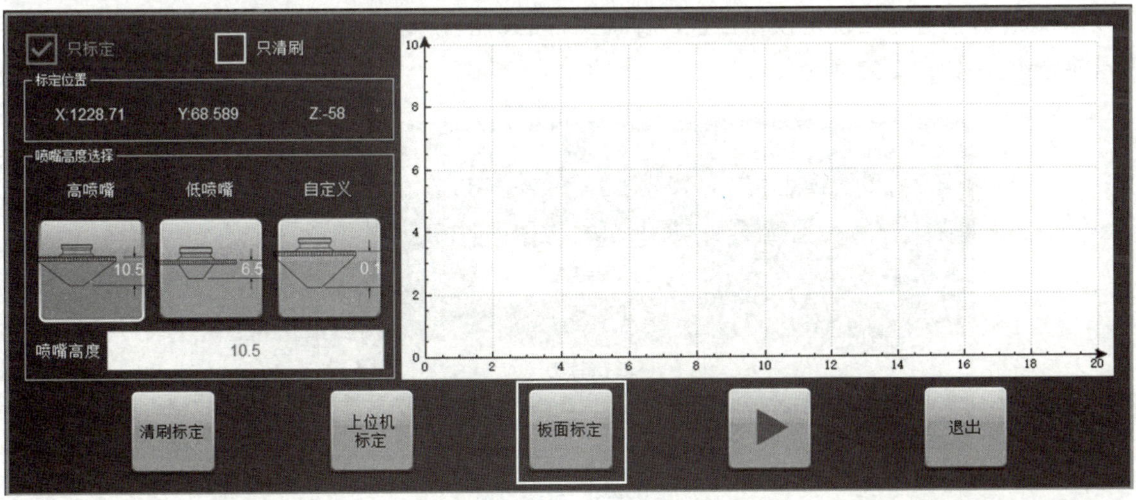

图 2.51　板面标定

（5）程序选择

选择需要加工的工件程序，具体操作参考展示柜案例。

（6）工艺参数选择

打开“工艺”界面，选择符合该工件材质的工艺参数，单击“应用”，如图 2.52 所示。此时选择的工艺参数名称为：T6—Ms—S1.0e—O2—07。

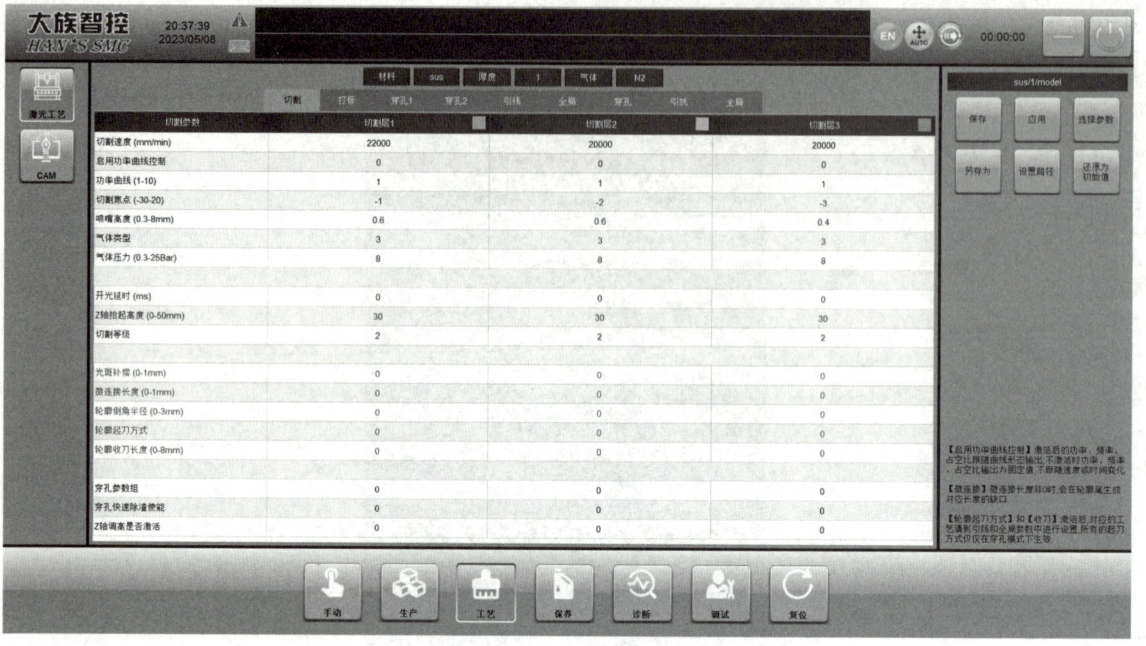

图 2.52　工艺参数选择

（7）寻边设置

打开“生产”界面，单击左侧的“机床设置”，开启“寻边功能”“寻边动作”。确保机床在切割运行时能够自动确定板材位置，保证工件的切割位置。寻边有多种方式，本案例选择“当前寻边”，如图 2.53 所示。

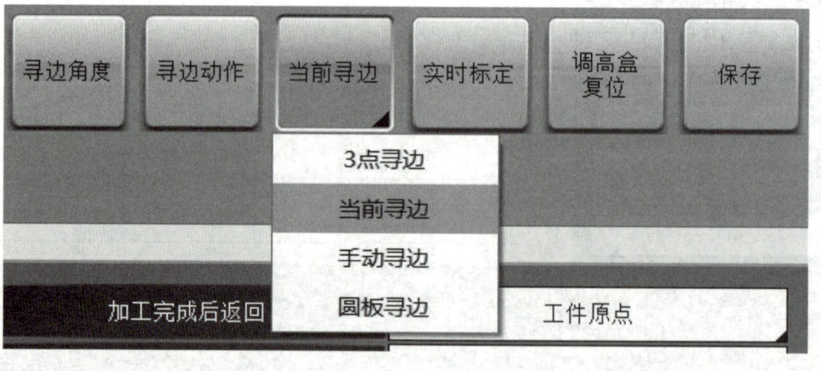

图 2.53　寻边设置

（8）走边框

使用“走边框”功能确定工件的加工范围，具体操作参考展示柜案例。

（9）开光切割

开启激光，单击“启动”即可开始切割，具体操作参考展示柜案例。

激光切割加工后的窗花如图 2.54 所示，整体结构完整，切割面光滑，窗花拐角处无熔损现象，断面引线处未发生异常凸起。窗花细节如图 2.55 和图 2.56 所示。

图 2.54 窗花

图 2.55 窗花细节——拐角处

图 2.56 窗花细节——引线

任务 2.3 笼屉案例实训

任务分析

1. 加工要求

毛坯为 800 mm×1 200 mm×1 mm 规格的不锈钢板材。要求在板材上切割出如图 2.57 所示的筛网 4 个，工件不能变形。

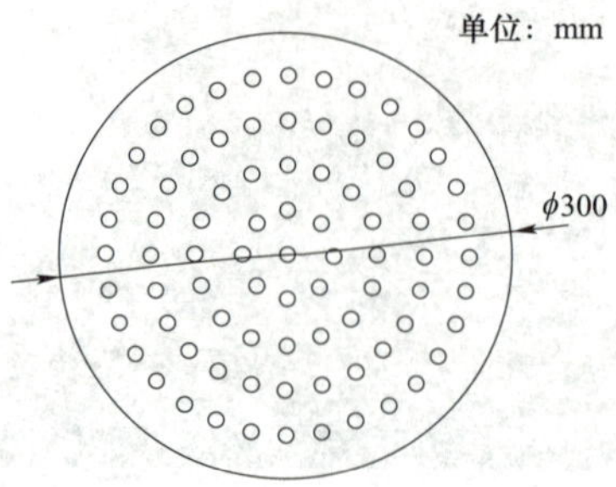

图 2.57　笼屉加工图纸

2. 加工图纸分析

从加工图纸可以看出，单个筛网样品整体为圆形，且工件内部包含多个简单轮廓。若每个轮廓全部设置足够的引线，将会大大降低加工效率。尺寸方面，毛坯完全能满足切割多个筛网的需求。此外，由于某些较小的轮廓不适合后续打磨处理，因此要实现无渣切割。

3. 切割技术指标

切割工件小轮廓部分必须无渣，工件切割后无变形，板材选用 1 mm 厚度，选择氮气作为辅助气体参与切割。为了保证加工效率，编程时使用飞切功能，以减少切割头空程运行轨迹。

任务实施

1. CAM 编程

本案例共需加工 4 个零件，且都是圆形，不方便采用共边切割的方式。

（1）打开文件

启动 Han's LaserNest 软件，进入主界面，图 2.58 为 Han's LaserNest 软件图标。

图 2.58　Han's LaserNest 软件图标

按照零件导入的步骤，选择相应的加工零件，如图 2.59 所示。若导入时有多个图层，可根据实际需求选择是否启用图层映射功能，如图 2.60 所示。

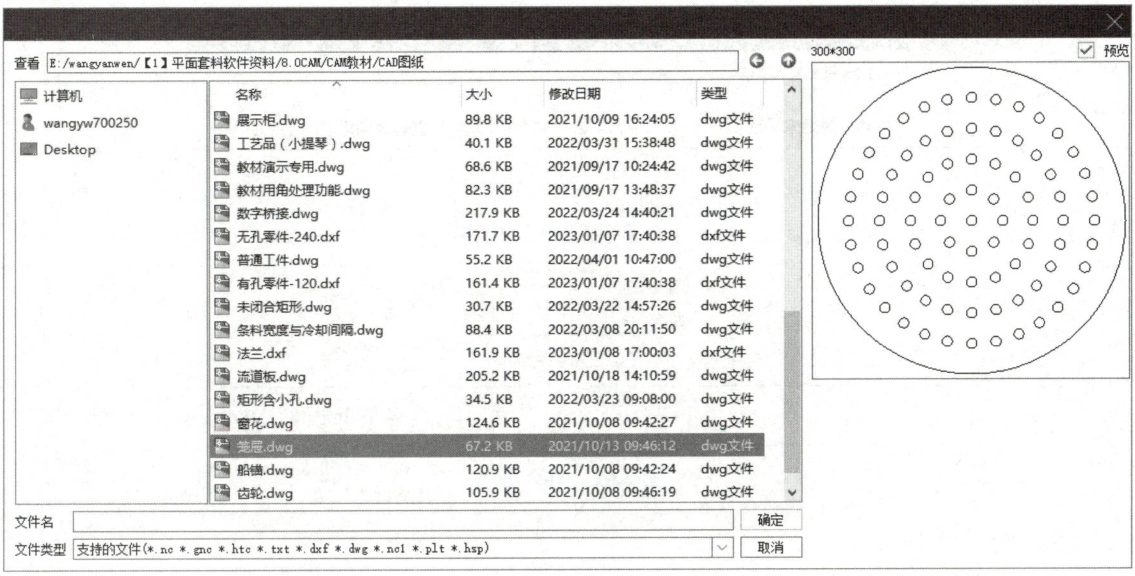

图 2.59 零件选择

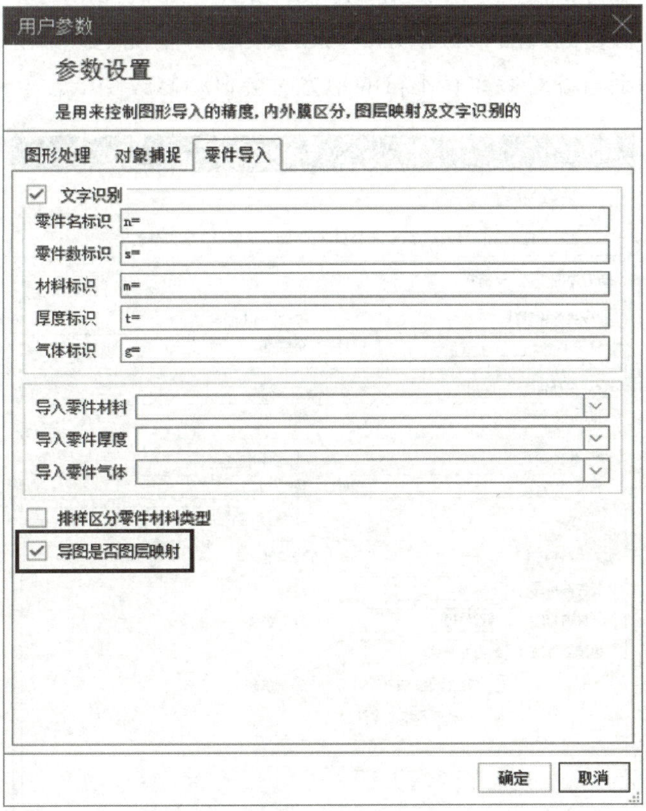

图 2.60 图层映射启用

在导入零件图纸后，可双击视图窗口内白色板材实体边，设置板材材质（不锈钢）和厚度（1 mm），并将气体修改为“氮气”，如图 2.61 所示。

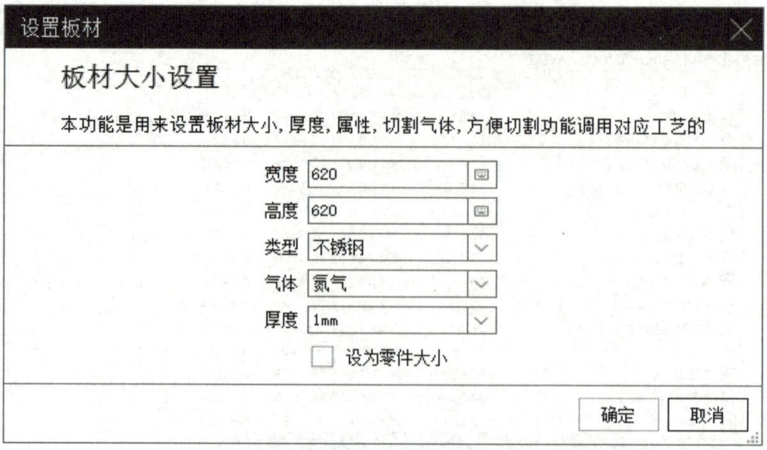

图 2.61　导入零件

（2） 图形处理

在导入零件图纸的过程中，软件会自动对零件图纸进行检查，检查参数如图 2.62 所示。导入完成后，若图纸还存在缺陷，可使用“绘图”菜单栏下的图形处理功能，对图形再次进行处理，或手动进行修复，如图 2.63 所示。可以根据实际情况更改平滑、去除重复线等校对参数，软件检查到图纸与校对参数有不符的地方时会自动修改图纸。

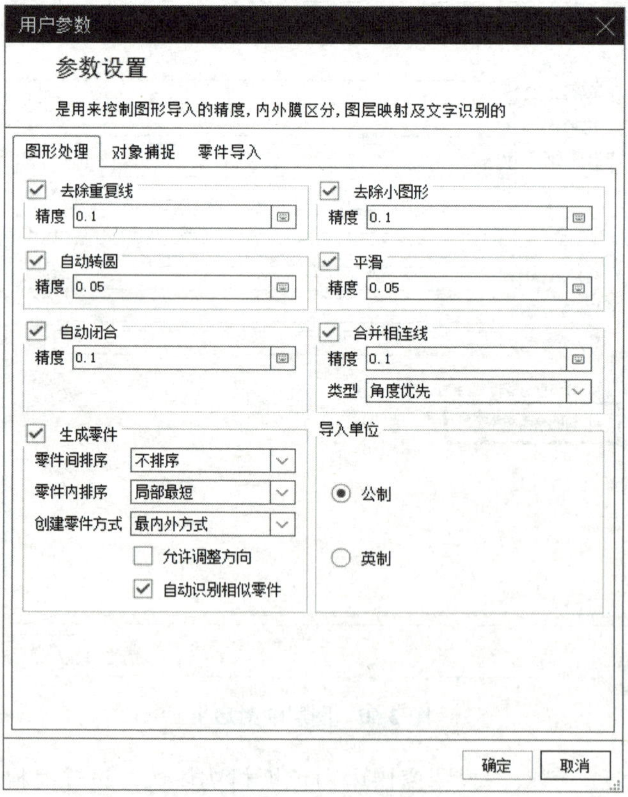

图 2.62　导入参数

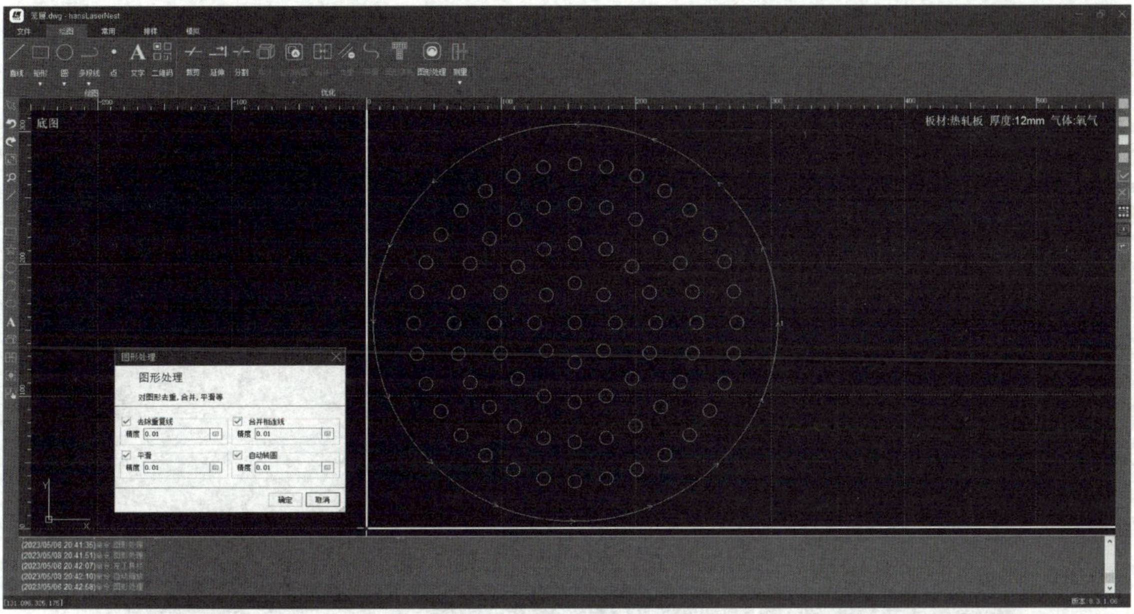

图 2.63 图形处理参数

（3）切割参数设置

在“常用”菜单栏下选择“切割参数”功能，可对零件轮廓进行分层设置，如图 2.64 所示。

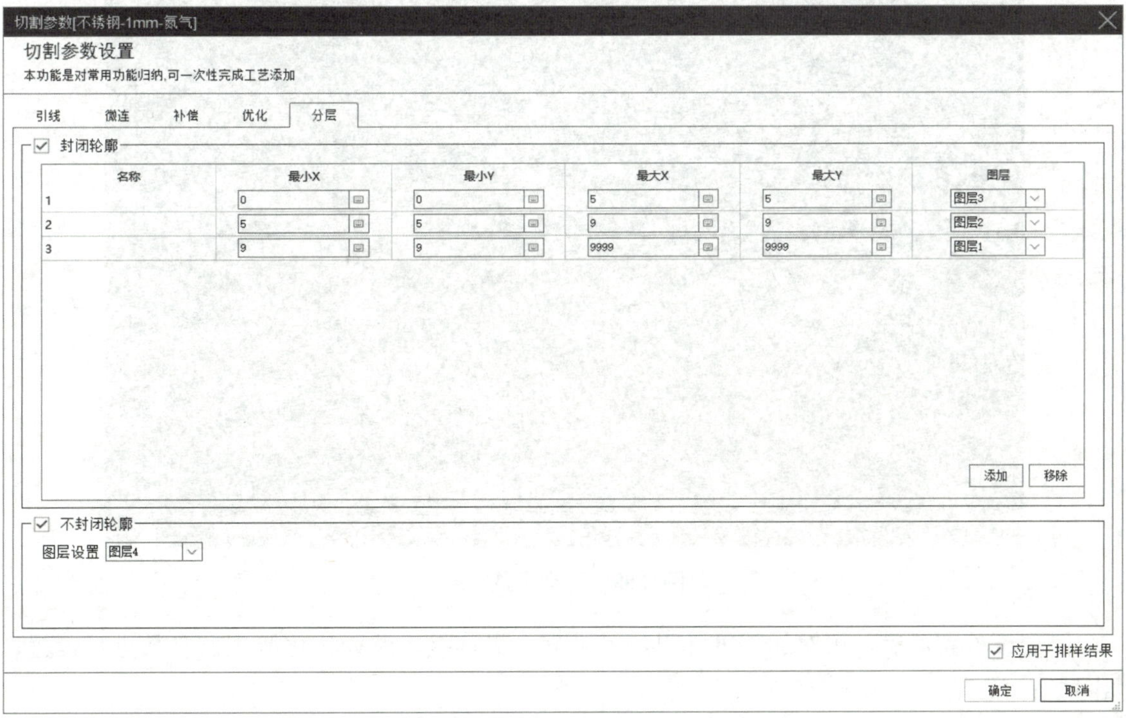

图 2.64 修改切割层参数

方法 1：

建议切割 3 层的设置如下：轮廓最小值为 0，轮廓最大值为 5，其他不做更改。

建议切割 2 层的设置如下：轮廓最小值为 5，轮廓最大值为 9，其他不做更改。

建议切割 1 层的设置如下：轮廓最小值为 9，轮廓最大值为 9 999。

方法 2：

使用手动设置，选择需要设置的轮廓，再选中视图窗口右侧对应的切割层，即可完成手动图层设置，如图 2.65 所示。

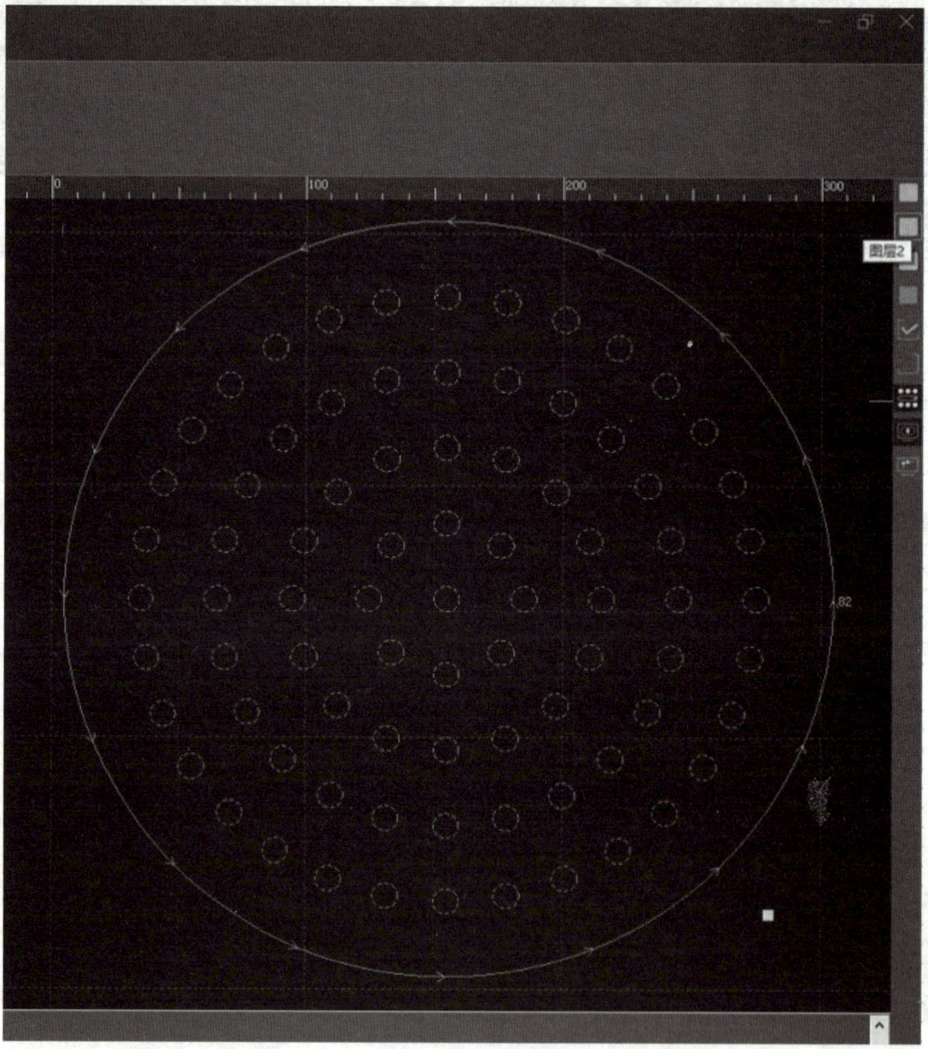

图 2.65 手动设置图层

图层设置完成后，可对加工零件引线、补偿、微连接、路径优化等工艺参数进行设置，如图 2.66 所示。

“切割参数”设置完成后的环形切割路径如图 2.67 所示。

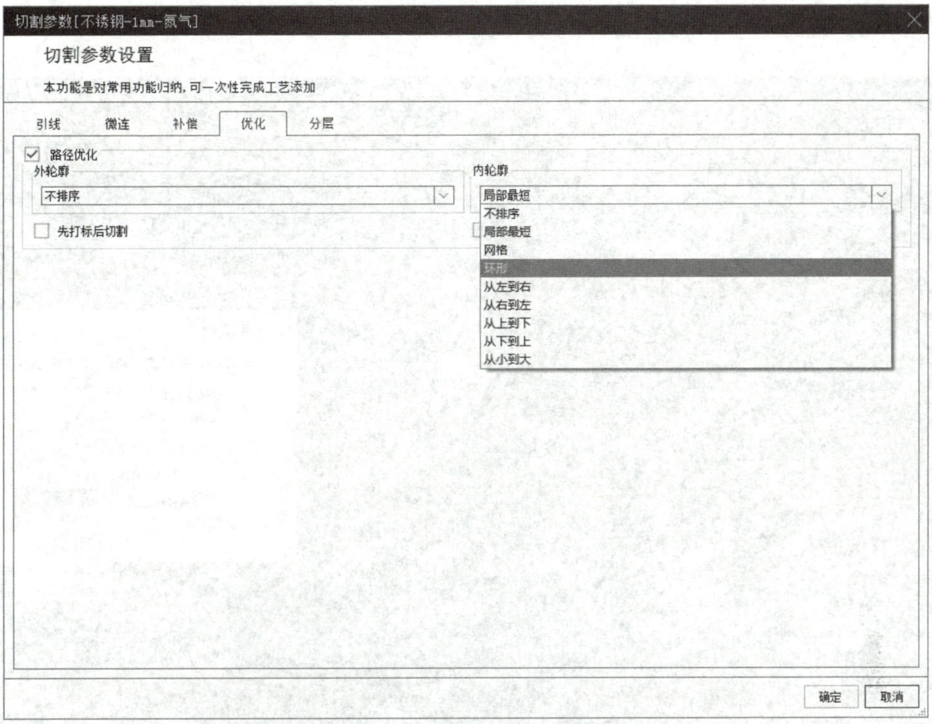

图 2.66　切割参数设置

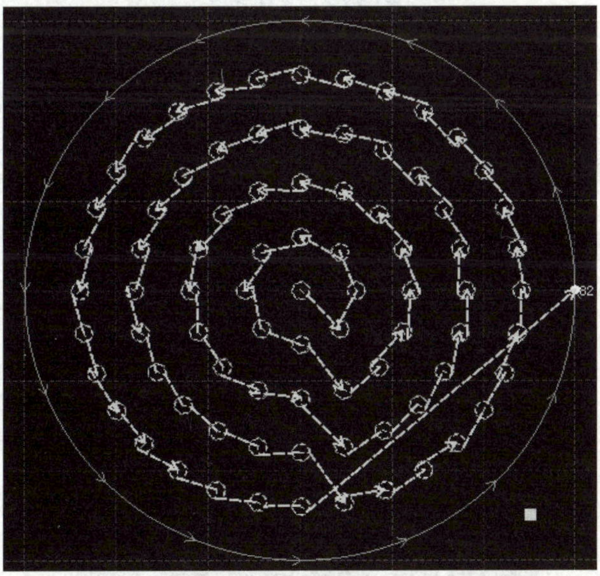

图 2.67　自动添加切割参数后的环形切割路径

机床正常加工时，切割头在每个轮廓切完后会抬头并移动到下一个轮廓，这样会导致切割头多次空程运行，浪费加工时间，降低加工效率。本案例采用飞切的方法，可有效提高加工效率。如图 2.68 所示，选中目标图形，单击“飞切”命令，此时软件重新生成一条加工路径。飞切可设置不同的飞切路径，控制切割头在每个轮廓切完后不抬头而直接移动到下一个轮廓，节省切割头上下移动的空程时间，提高加工效率。

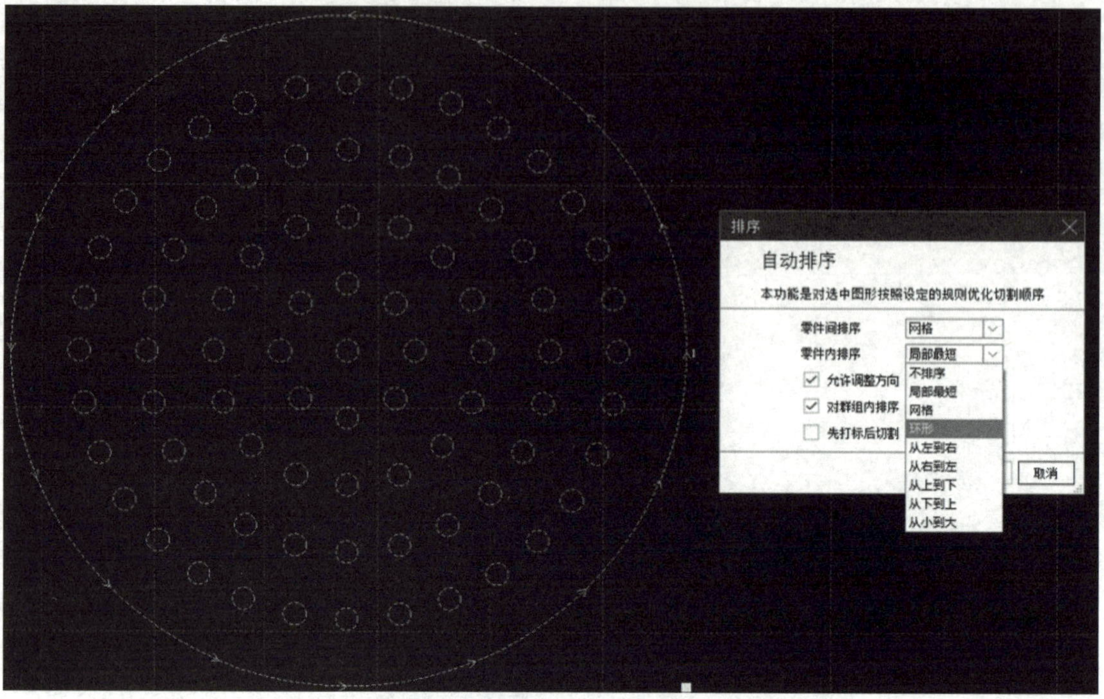

图 2.68　飞切功能

飞切路径添加完成后生成的路径如图 2.69 所示。

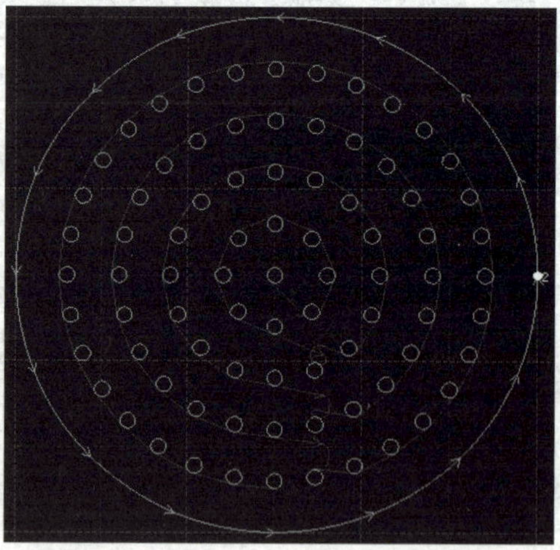

图 2.69　飞切功能添加完毕后生成的路径

（4）程序模拟

对于轮廓较多的复杂零件，模拟切割路径是保证机床正常切割的第一道关卡。如果模拟路径中发现问题，可及时修改，以免造成更大的安全隐患。图 2.70 为飞切模拟路径。

若模拟切割路径合适，说明程序编辑没有问题，就可以把导出的加工程序导入到机床中准备切割。在模拟路径右侧显示的 NC 代码中也可以找到飞切代码，其中 M101 是飞切的关光代码，M111 是飞切的开光代码。若后续发现机床切割时不抬头，可查看调用的程序中是否有飞切代码，若有飞切代码，则说明不抬头是编程的处理，如图 2.71 所示。

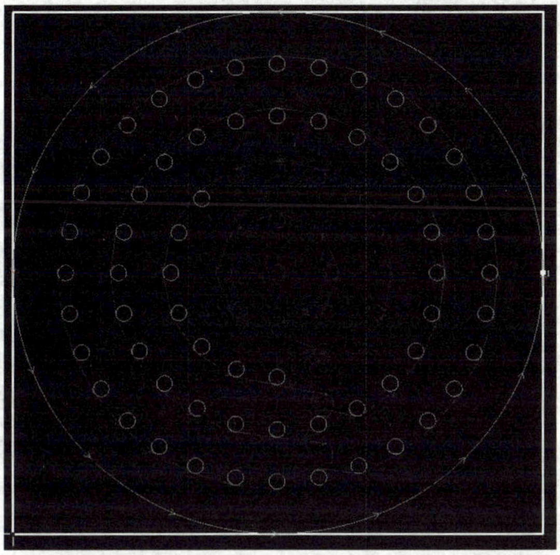

图 2.70　飞切模拟路径

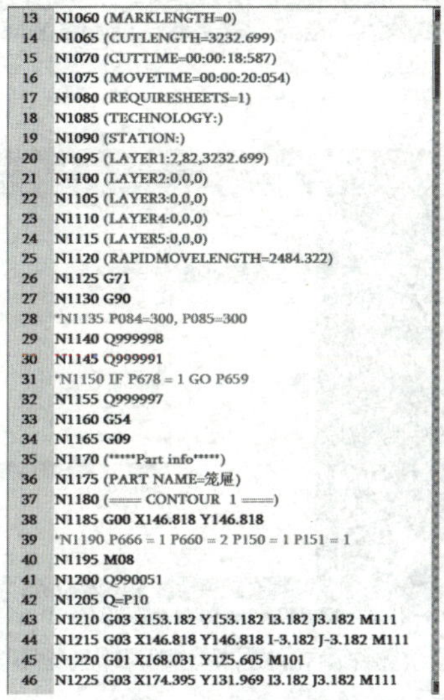

```
N1060 (MARKLENGTH=0)
N1065 (CUTLENGTH=3232.699)
N1070 (CUTTIME=00:00:18:587)
N1075 (MOVETIME=00:00:20:054)
N1080 (REQUIRESHEETS=1)
N1085 (TECHNOLOGY:)
N1090 (STATION:)
N1095 (LAYER1:2,82,3232.699)
N1100 (LAYER2:0,0,0)
N1105 (LAYER3:0,0,0)
N1110 (LAYER4:0,0,0)
N1115 (LAYER5:0,0,0)
N1120 (RAPIDMOVELENGTH=2484.322)
N1125 G71
N1130 G90
*N1135 P084=300, P085=300
N1140 Q999998
N1145 Q999991
*N1150 IF P678 = 1 GO P659
N1155 Q999997
N1160 G54
N1165 G09
N1170 (*****Part info*****)
N1175 (PART NAME=笼屉)
N1180 (==== CONTOUR 1 ====)
N1185 G00 X146.818 Y146.818
*N1190 P666 = 1 P660 = 2 P150 = 1 P151 = 1
N1195 M08
N1200 Q990051
N1205 Q=P10
N1210 G03 X153.182 Y153.182 I3.182 J3.182 M111
N1215 G03 X146.818 Y146.818 I-3.182 J-3.182 M111
N1220 G01 X168.031 Y125.605 M101
N1225 G03 X174.395 Y131.969 I3.182 J3.182 M111
```

图 2.71　飞切 NC 代码预览

（5）导出加工程序或另存工程文件

具体内容可参考展示柜案例。

（6）加工程序或工程文件上传

加工程序或工程确认无误后，可将工件程序或工程文件传送至机床，或者通过外部存储设备将程序或工程文件导入到机床，即可用来进行切割。

2. 设备操作

（1）喷嘴更换

确定加工的材料为 1 mm 厚的不锈钢，切割辅助气体为氮气，可选用 D3.0C 喷嘴。使用“返回标记”功能将切割头移动到合适换喷嘴的位置更换喷嘴。

（2）气体测试

具体操作参考展示柜案例。

（3）同轴调校

移动切割头到合适的位置进行同轴调校，具体操作参考展示柜案例。

（4）切割头标定

具体操作参考展示柜案例。

（5）编辑程序

切割零件数量要求是 4 个，目前编辑的程序只有 1 个。为了一次性完成切割任务，需要在机床上阵列该图案。阵列方法如下："CAM"—导入 HTC 或工程文件（见图 2.72）—选中 HTC 图案—选择"阵列"功能（见图 2.73）—修改阵列参数（见图 2.74）—"确定"。

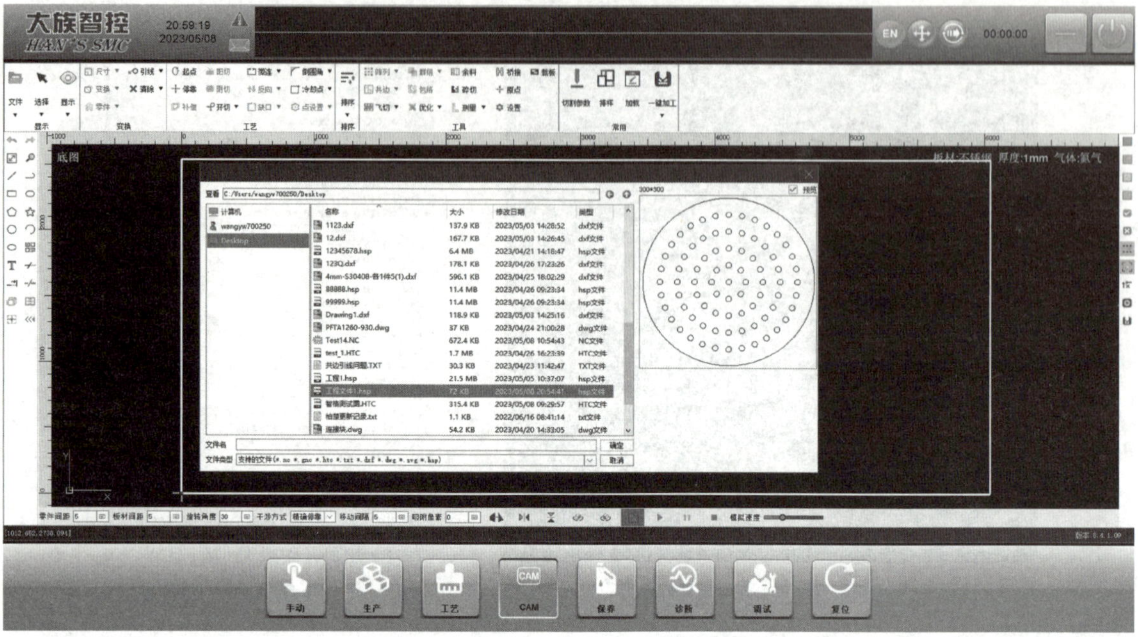

图 2.72　打开工程文件

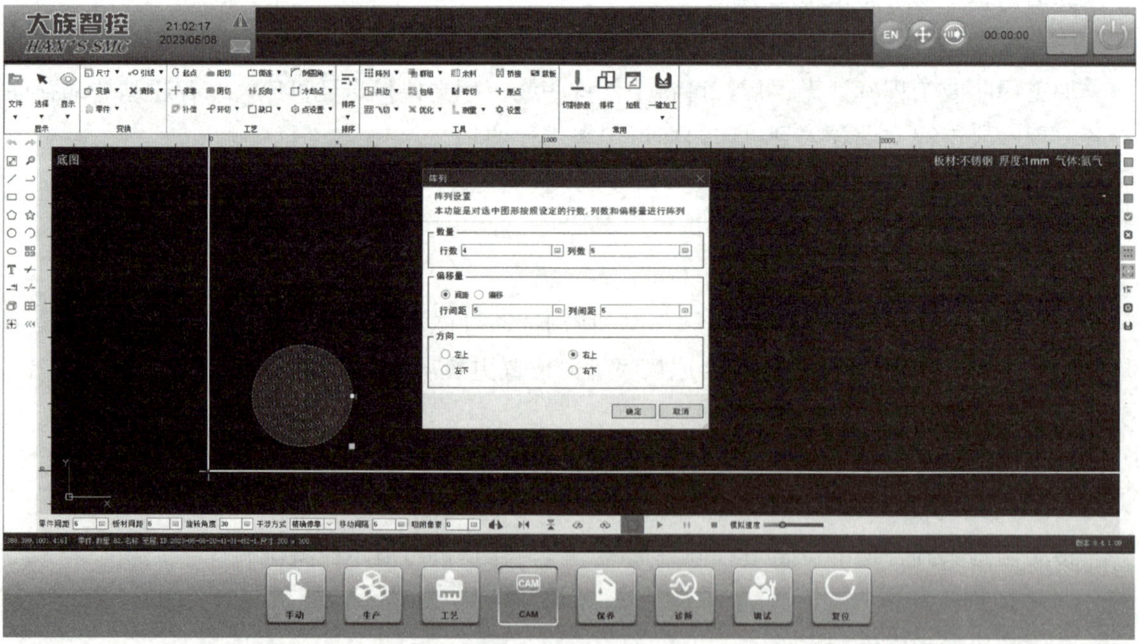

图 2.73　阵列功能

需要注意：阵列过程中需要留一定的零件间隙，避免切割过程中板材翘起。

本案例的具体设置是：行数 2，列数 2，行距 5，列距 5，如图 2.74 所示。

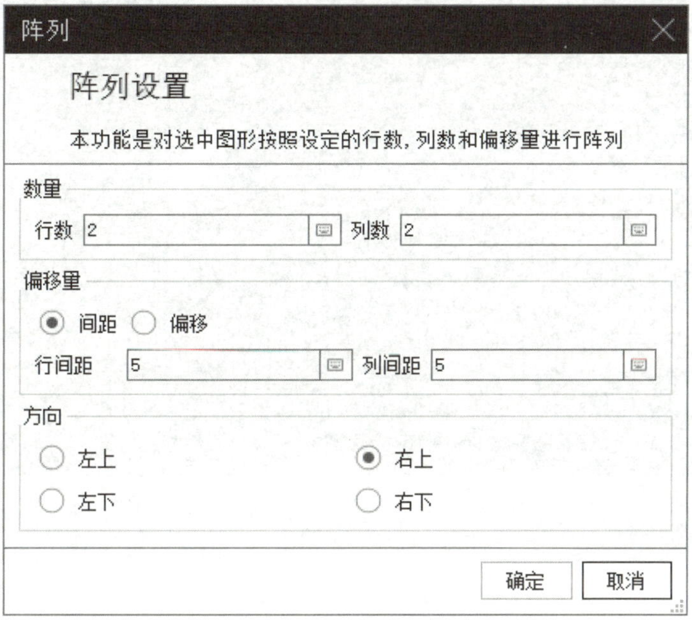

图 2.74　修改阵列参数

阵列完成后，检查切割参数是否正确，参数检查完成后，单击“模拟”命令，进行模拟切割。模拟切割没有问题后，单击“一键加工”命令，软件会自动从 CAM 编程界面跳转到生产界面，如图 2.75 和图 2.76 所示。

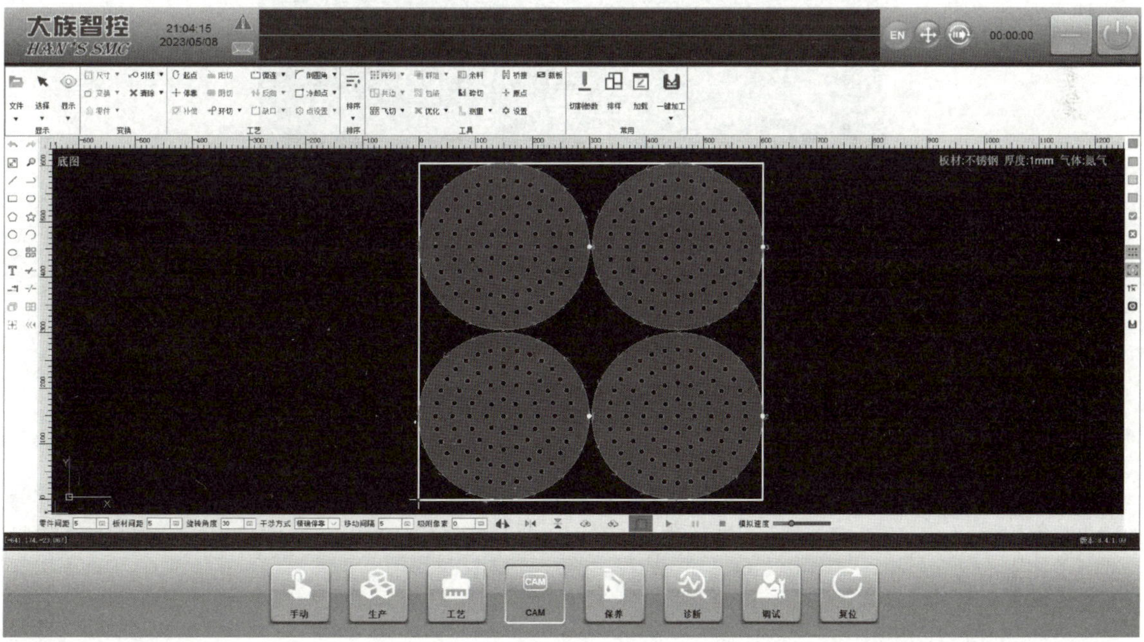

图 2.75　一键加工

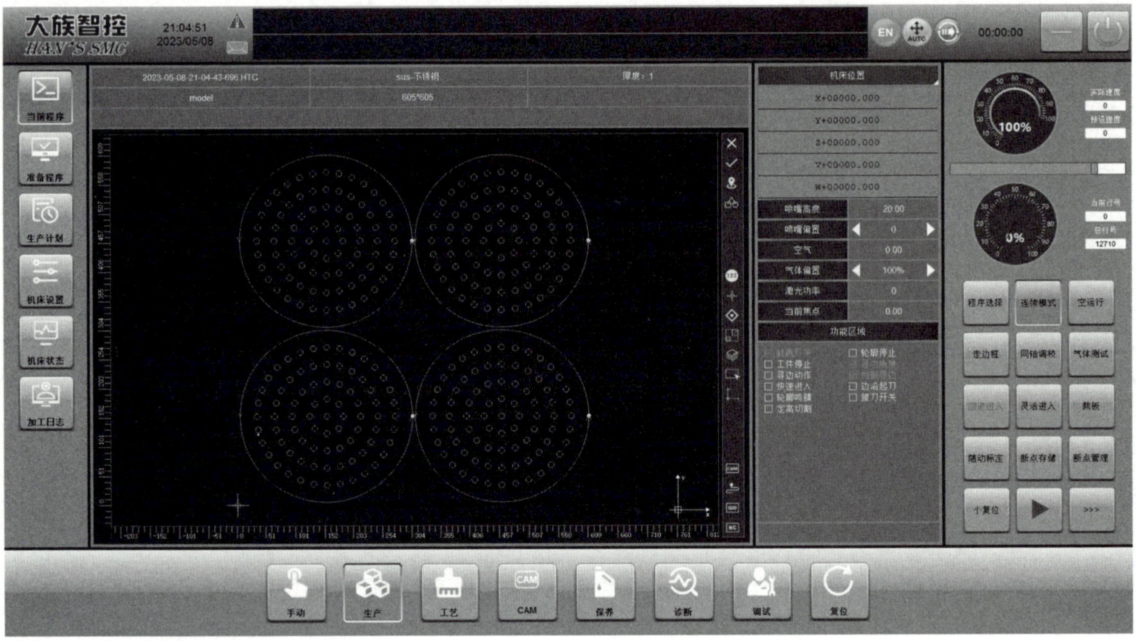

图 2.76　生产界面

（6）工艺参数选择

具体操作参考展示柜案例。本案例选用的工艺参数为：T01—SUS—D3.0C—N2—07。图 2.77 为工艺参数界面。

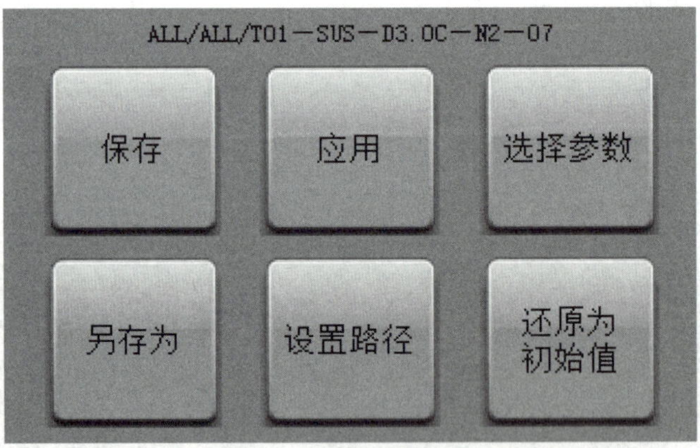

图 2.77　工艺参数界面

（7）范围确定

拿到图纸后即可知道一个零件的具体尺寸和大小，但是阵列后的整体尺寸比单独一个零件的大得多。为了保证板材大小满足阵列后的切割要求，可以先将红光打开，并在红光移动到合适位置后开启“寻边动作”“寻边功能”“当前位置寻边”“走边框”功能。

（8）开光切割

待机床完成相应动作，确定板材大小适合切割后，才可打开“激光光闸”。注意切割头在飞切部分并不会有抬头动作，此时加工噪声较大且熔渣飞溅，首次操作必须关好安全防护门且随时准备停止。

3. 切割成品展示

激光切割加工后的工件（笼屉）如图 2.78 所示。由于工件较薄，需观察切割成品是否变形，若发生变形，还需判断是否可修复。

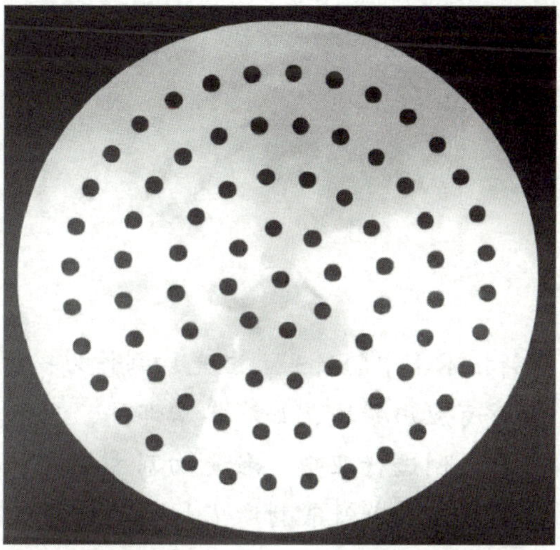

图 2.78　切割后的笼屉

工件内部小轮廓较多，需要观察内部小圆的圆度是否足够，下表面是否挂渣，上、下表面是否光滑。内部小圆的直径为 10 mm，使用添加补偿后的程序切割完毕后，再使用游标卡尺测量精度是否达到要求，如图 2.79 所示。

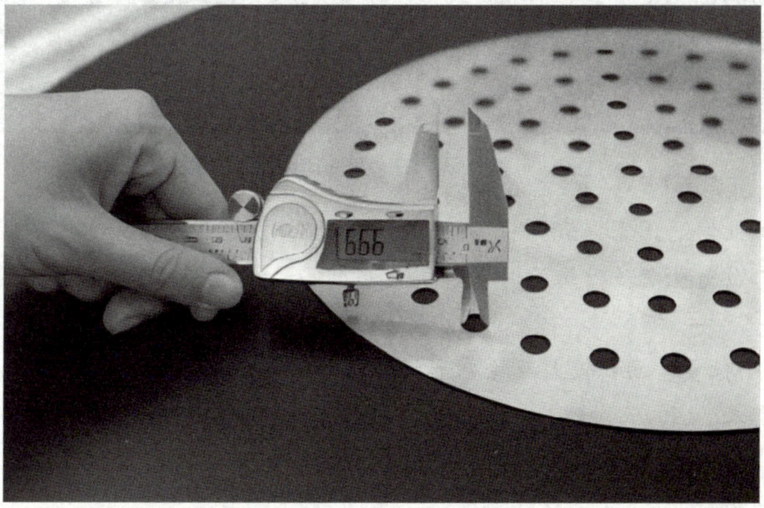

图 2.79　游标卡尺测量精度

项目 3

汽车领域的应用

项目描述

汽车制造行业是一个高新技术集中的行业，激光切割作为一种先进的工艺制造手段，基本上覆盖了汽车制造行业的所有应用领域，如汽车零部件、汽车车身、汽车车门框、汽车后备厢、汽车车顶盖等。在汽车制造行业中，激光切割主要集中在中薄板加工领域，涉及工艺包括平面板材切割、三维激光切割及管材激光切割（见图 3.1）。本项目主要介绍平面板材切割。

图 3.1　激光切割在汽车制造行业的应用

在欧美等工业发达国家，50%～70%的汽车零部件是通过激光加工来完成的。汽车零件众多，板材加工数量也众多，而且对下料质量要求高，相对传统加工技术，激光切割的优势非常明显。

① 针对中小批量、面积较大及轮廓形状复杂的汽车零部件的制作，激光切割更加灵活，可满足个性化需求。

② 激光切割是通过计算机控制的，可以精确地切割复杂的图案，且修改便捷、误差小，能提高材料的利用率。

③ 激光切割的精度高，定位精度在 0.05 mm 左右，尺寸精度和切口粗糙度标准均优于一

般的机械切割。

④ 激光切割加工速度快。以功率 3 000 W 的激光切割机为例，对 1 mm 厚的不锈钢板的加工速度可以达到 30 m/min，这是其他传统加工方法难以达到的。

⑤ 减少新产品的开发成本。新产品的试制一般数量较少，且产品结构不确定，而激光切割不用开发模具，降低了生产成本。

⑥ 激光切割不与切割工件直接接触，可避免损伤工件表面；同时激光切割的热影响很小，能保证较高的切割质量。

通过本项目的学习，可以使学生系统地了解零件处理、编程排样、上机切割等任务，掌握激光切割加工的基本流程，熟练使用 Han's LaserNest 编程软件，熟练掌握 CNC 激光数控加工系统的使用操作方法，培养基本的程序设计处理能力和工艺应用，以及应对实际切割问题的能力。本项目以大族 LION 3015 光纤激光切割机为例进行学习。

任务 3.1 刹车盘案例实训

任务分析

1. 加工要求

毛坯为 500 mm×500 mm×1.5 mm 规格的不锈钢板材。要求在板材上加工出如图 3.2 所示的刹车盘零件，工件要求内孔尺寸偏差±0.15 mm，外轮廓尺寸偏差+0.05～0.25 mm，切割断面保持金属原色，背面无明显毛刺。

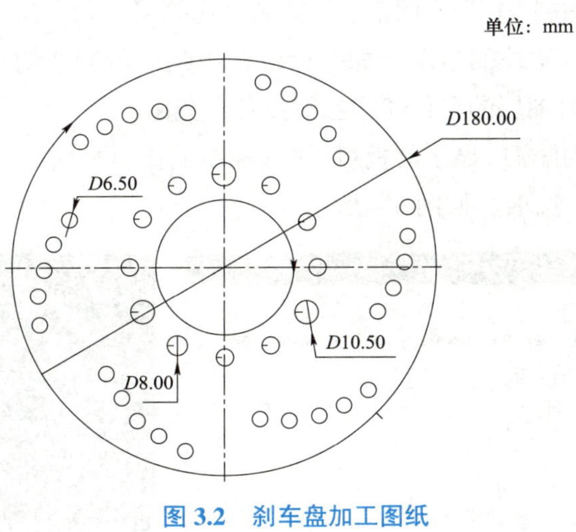

图 3.2 刹车盘加工图纸

2. 加工图纸分析

从加工图纸可以看出，该单个刹车盘零件为圆形的多内孔零件，且最大尺寸不超过180 mm×180 mm，板材大小完全满足切割尺寸。为保证切割断面的平整度及满足切割尺寸，需要在编程时加入引线、调整合适的补偿。为保证切割精度，可根据尺寸大小做适当的分层处理。

3. 切割技术目标

要求切割面均匀平整，无明显毛刺，选择氮气或者空气作为辅助气体参与切割。

任务实施

1. CAM 编程

刹车盘加工为单个零件加工，可以使用 Han's LaserNest 软件编程，具体步骤如下。

（1）打开文件

双击 Han's LaserNest 软件图标（见图 3.3），进入软件主界面。

（2）图形处理

在“文件”菜单栏下，单击“打开”命令，在打开的界面中选择需要加工的零件图纸，在右边的预览窗口中可以查看零件的轮廓图形。一般在生产过程中，零件图纸会比较多，可以通过命名及预览来确定加工的零件图纸。

图 3.3　Han's LaserNest 软件图标

导入的零件图纸中有时不只有一种颜色或图层，其中 CAD 图纸中的图层 4 为打标层，图层 -1 为不切割层，其余为切割层。为了保证每一层的加工不会出现意外的情况（如打标过程中某一段变成切割），需要保证导入图形时图层的名称和颜色不会发生变化。

在“导入零件”后，双击窗口显示的板材，选择需要的板材材质（不锈钢）和厚度（1.5 mm），并勾选“设为零件大小”选项，如图 3.4 所示。

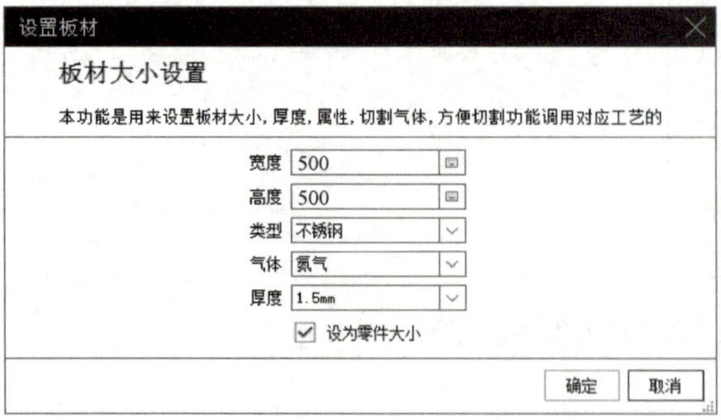

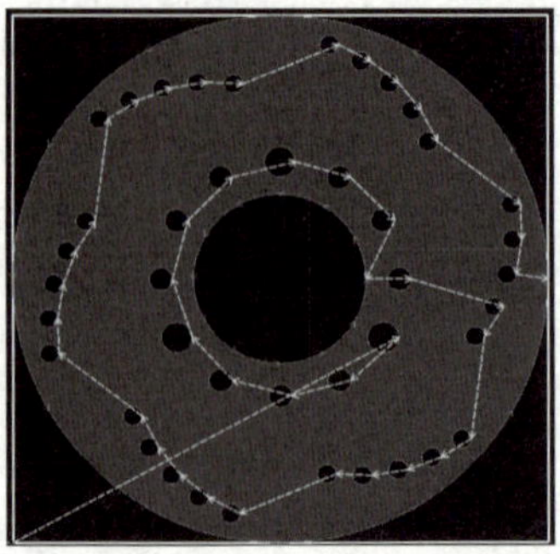
图 3.4　板材设置及零件预览

在导入零件图纸后，软件会自动调用用户参数中的参数对 CAD 图纸进行检查校对，查看是否存在缺陷；若检查到不符合校对参数的地方（如重复线、合并相连线、平滑精度），软件会自动进行修正，若软件修正的结果不是想要的，也可手动校正。

（3）切割参数设置

打开切割参数界面，查看切割参数是否需要更改，如图 3.5 和图 3.6 所示。参考加工要求，该零件外轮廓尺寸精度要求为正公差，内轮廓要求为负公差；根据板材厚度及实际加工经验，本案例将外轮廓补偿值设为 0.25 mm，将内轮廓补偿值设为 0.2 mm，同时需要根据实际尺寸偏差，调节补偿值的大小。

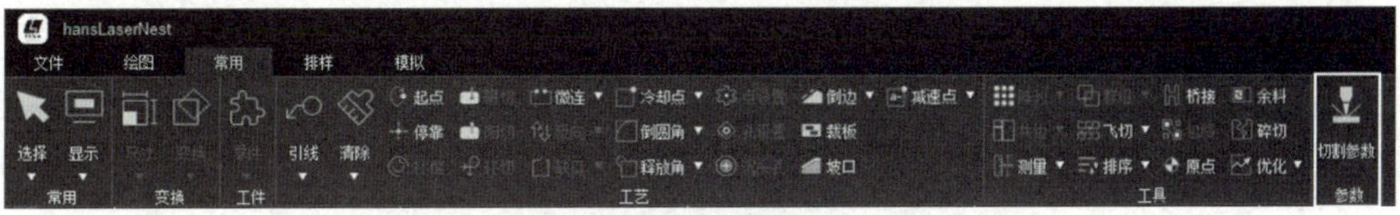

图 3.5　切割参数

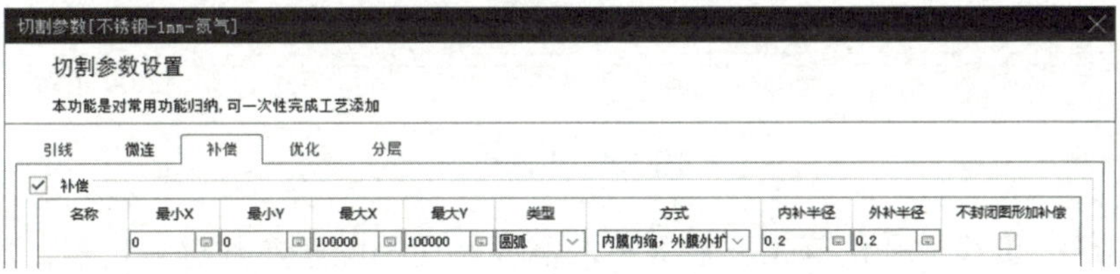

图 3.6　切割参数设置界面

根据本案例加工尺寸要求和轮廓大小，可以对切割进行分层处理，以达到更高的加工精度。如图 3.7 所示，在切割参数界面将 0~7 mm 以内的轮廓设置为“切割 2”，大于 7 mm 小于 99 999.9 mm 的轮廓设置为“切割 1”，同时根据所设置的轮廓大小，分别设置合理的引线长度。

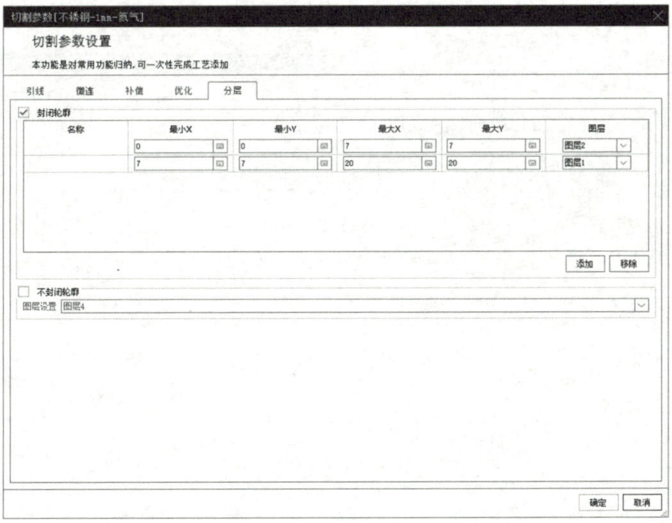

图 3.7　自动分层

由于内轮廓圆比较小，可以使用小圆引入功能，即从圆心引入，如图 3.8 所示。

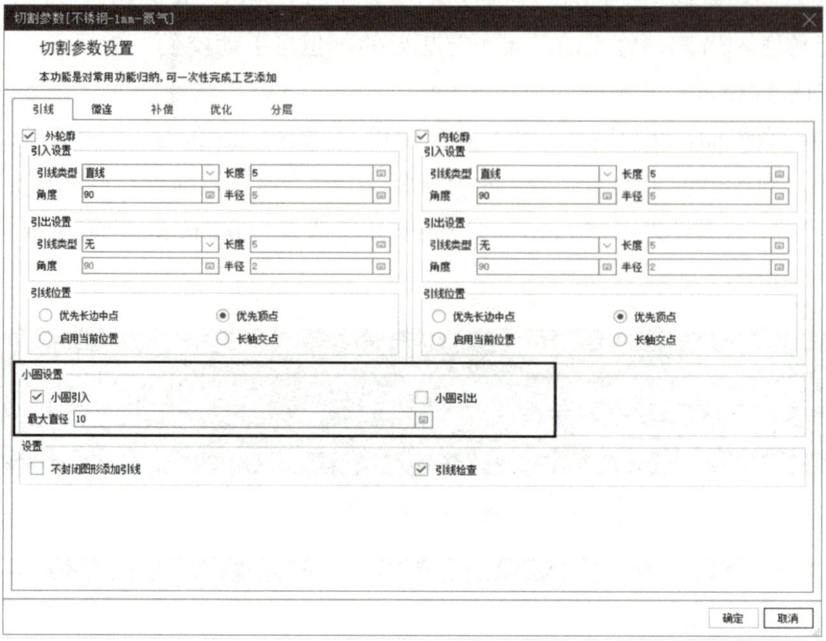

图 3.8　小圆引入

设置完图层、引线、补偿等工艺参数后，需要对切割顺序参数进行设置。单击切割参数界面中的优化栏，进入路径优化设置界面，可选择合适的路径进行切割，如图 3.9 所示。

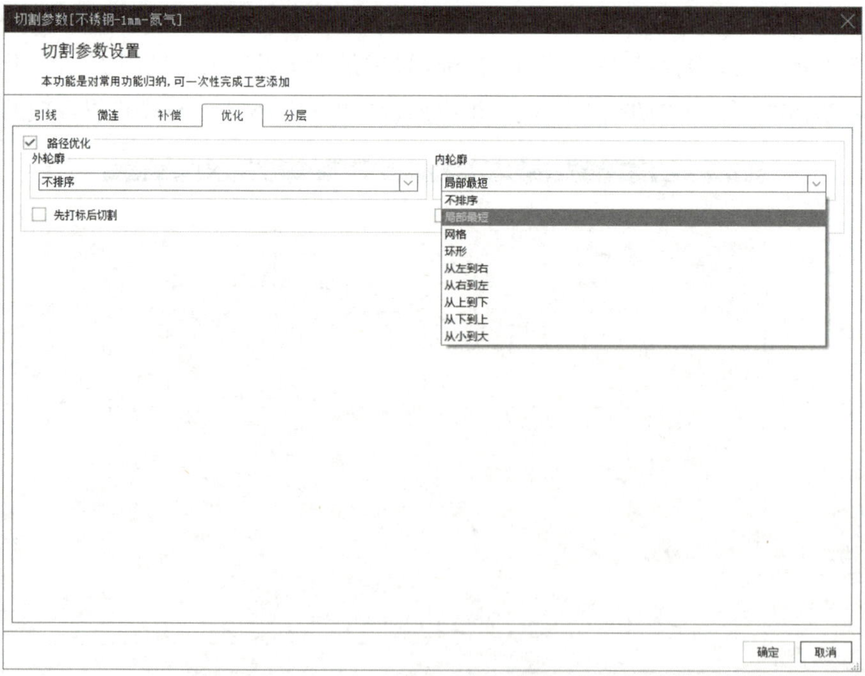

图 3.9　切割路径设置

切割参数设置完成后，单击“确定”，软件会自动对工件进行工艺加工处理，处理结果如图 3.10 所示。

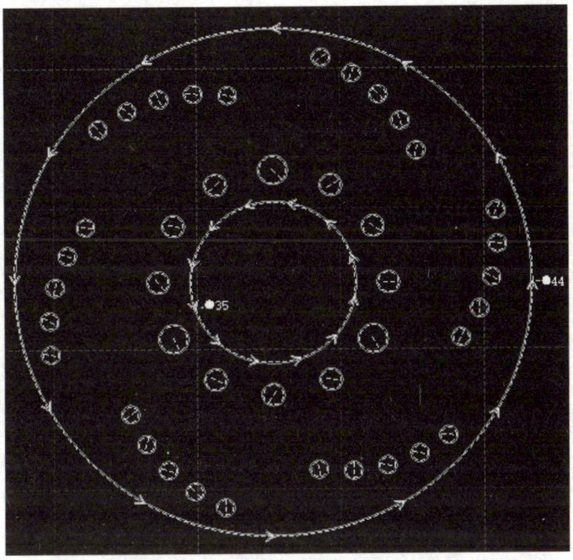

图 3.10　添加切割参数处理结果

（4）程序模拟

程序模拟界面如图 3.11 所示，具体操作参考展示柜案例。

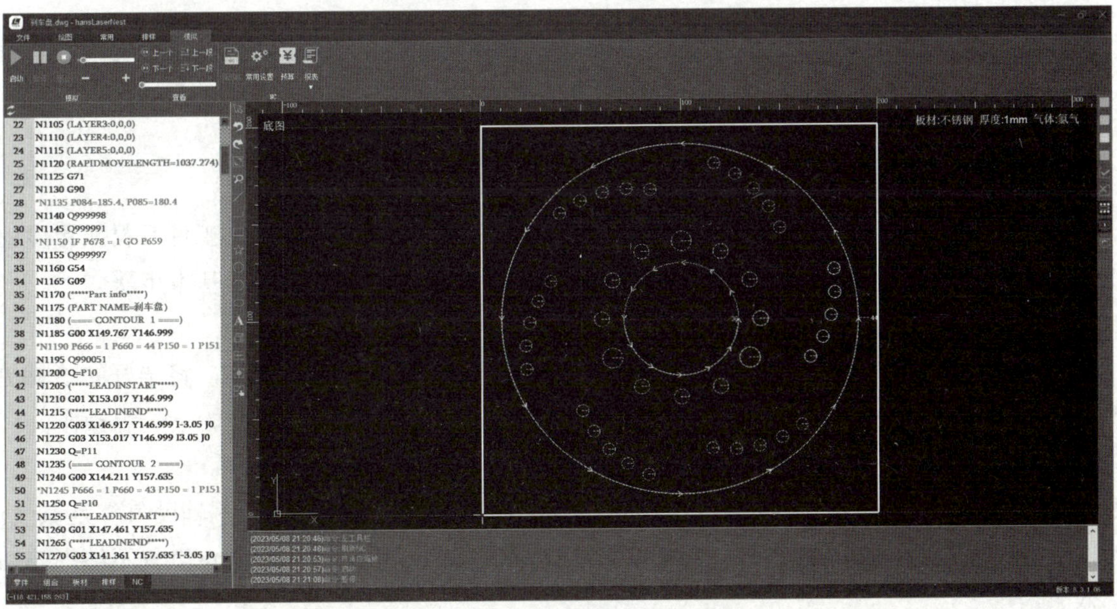

图 3.11　加工模拟

（5）导出加工程序或保存工程文件

导出加工程序的操作步骤为：单击“导出 NC”命令，弹出“导出 NC”对话框，如图 3.12

所示，可选择文件保存位置、修改程序名称等，设置完成后单击“确定”。

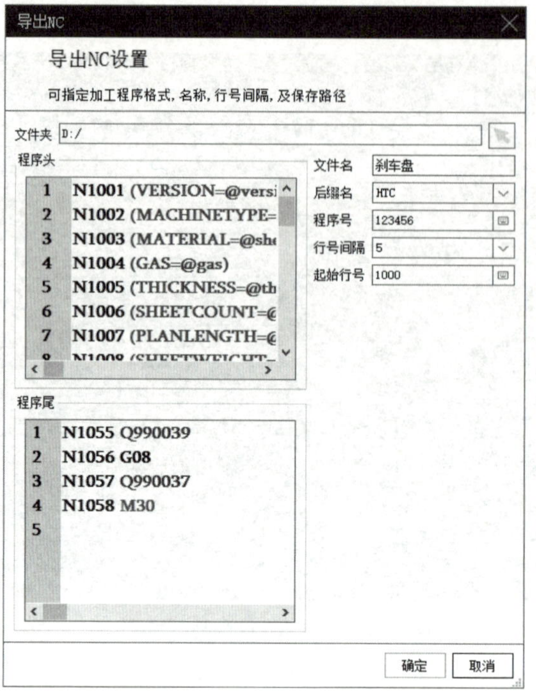

图 3.12　导出 NC 设置

（6）程序上传

NC 程序确认无误后，将工件程序或工程文件共享至机床，或者通过外部存储设备将程序或工程文件导入机床，即可用来进行切割。

2. 设备操作

工件的切割程序上传至机床后，按照设备的加工流程进行切割。根据工件及材质厚度的不同，在准备过程中使用不同的功能及工艺完善并解决问题。设备操作的基本步骤如下。

（1）喷嘴更换

根据所需加工材料，选择对应工艺文件，根据工艺文件提示选择喷嘴，将选好的喷嘴更换、安装至切割头处，检查是否存在松动或者堵塞等情况，确认无误后开始下一步操作。

（2）气体测试

换好喷嘴后，应单击“气体测试”按钮进行气体测试。因为选择的切割辅助气体是氮气，所以需要测试氮气压力是否足够，并排空机床内上次切割使用的气体，防止氮气不纯影响切割效果。

（3）同轴调校

具体操作参考展示柜案例。本案例使用 D2.0C 喷嘴切割，可先更换为小口径喷嘴（如 1.2 mm 口径喷嘴）调整同轴，确认无误后再更换为 D2.0C 喷嘴。

（4） 切割头标定

单击“生产”界面右侧的“随动标定”，确定启动，切割头会自行运行到标定模块进行标定动作。切割头动作结束后，手动将切割头移动至板材上方。

（5） 程序选择

打开“生产”界面，单击“当前程序”，找到放置切割工件程序的文件位置（刹车盘文件），加载后查看“生产”界面所显示的工件是否存在问题，若无问题则可进行下一步操作。

（6） 工艺参数选择

根据所需切割工件材料厚度，选择对应的工艺参数。本案例选择 T1.5—SUS—D2.0C—N2，即 1.5 mm 的不锈钢、D2.0C 喷嘴、氮气。

（7） 寻边设置

加工零件为单个零件，可参考展示柜案例设置寻边后切割，也可不设置寻边，手动移动到板材合适的位置后，利用“走边框”检查程序加工范围，确认无误后启动切割即可。

（8） 走边框

寻边完成后，走边框确认工件加工范围，具体操作参考展示柜案例。

（9） 开光切割

以上步骤完成后就可以开始出光切割，具体操作参考展示柜案例。

3. 切割成品展示

激光切割加工后的工件如图 3.13 所示，工件整体结构完整，切割面光滑、无毛刺，拐角处无过烧现象。

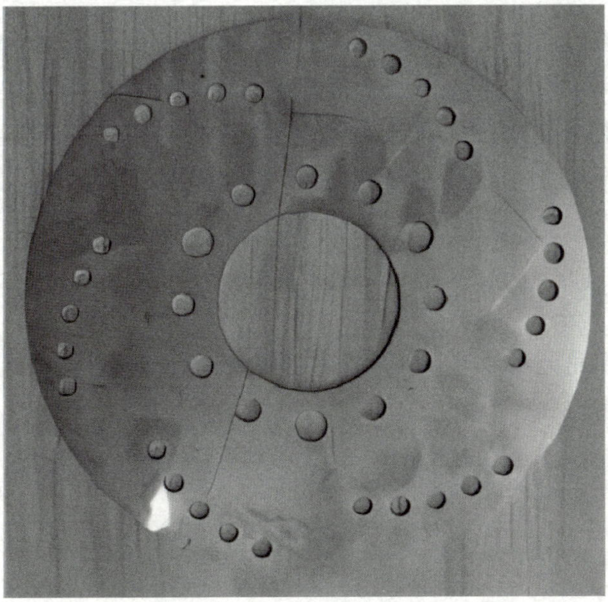

图 3.13　刹车盘实物加工图

任务 3.2　压板案例实训

任务分析

1. 加工要求

毛坯为 500 mm×500 mm×2 mm 规格的镀锌板。要求在板材上加工出如图 3.14 所示的压板零件 60 个，使用空气切割，背面直边及拐角无明显毛刺，切口整齐光滑，切割过程流畅。除去首件检查暂停次数，要求从切割开始到结束，因为处理异常情况而暂停加工的次数应少于 3 次。

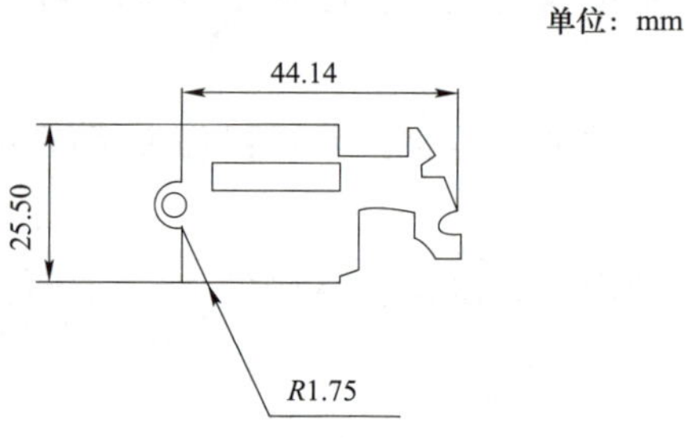

图 3.14　压板加工图纸

2. 加工图纸分析

从加工图纸可以看出，该零件外轮廓约为 25.5 mm×50 mm。根据激光切割使用空气作为辅助气体参与切割的特性可知，该零件在高压空气切割中易翻转翘起，从而影响切割的流畅性，故在编程时应将外轮廓加入适当的微连接。零件外轮廓存在多处拐角以及拐角与圆弧相接的情况，在实际切割中这些拐角处易有毛刺生成，因此应适当调节工艺参数的功率曲线。

3. 切割技术目标

要求背面直边，拐角无明显毛刺，零件成形美观，尺寸偏差±0.15 mm；排样编程合理，切割过程中不得多次暂停（少于 3 次）。

任务实施

1. CAM 编程

本次压板加工为多个零件加工，可以使用套料软件编程，具体步骤如下。

（1）新建项目

打开 Han's LaserNest 编程软件，进入软件主界面，新建项目。图 3.15 为 Han's LaserNest 软件图标。

图 3.15　Han's LaserNest 软件图标

（2）零件导入及数量设置

在零件库空白处右击鼠标，选择“导入零件”命令，再选择压板 CAD 图纸所在文件夹，如图 3.16 所示。

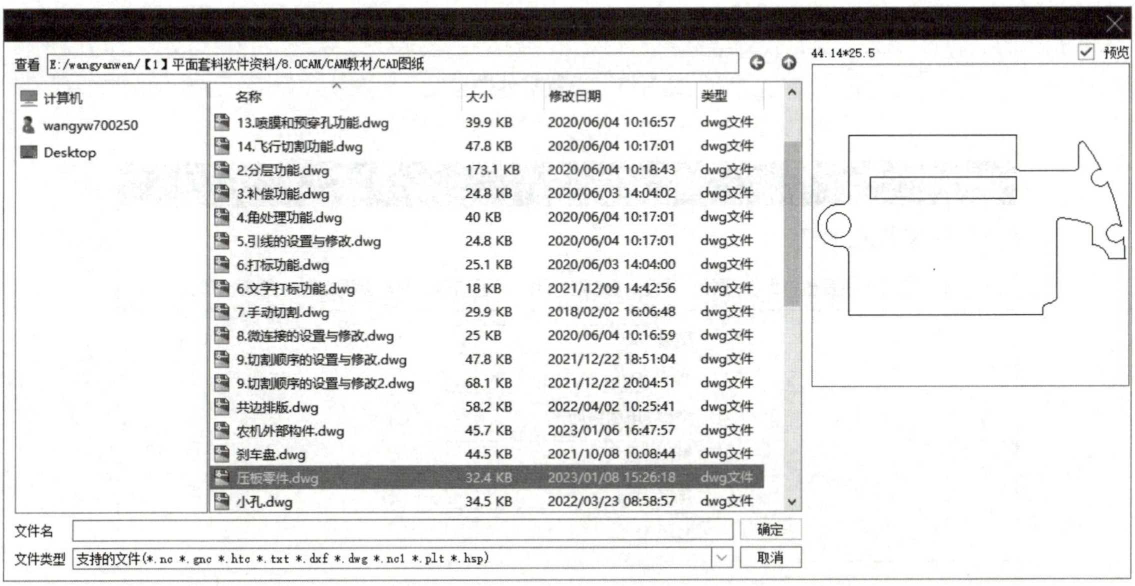

图 3.16　CAD 图纸文件夹

选择“目标零件”，单击“确定”，进入零件数量设置界面，如图 3.17 所示，并输入数量“60”。

（3）新建板材

在板材栏空白处右击鼠标，选择“新建板材”命令，弹出板材参数设置对话框，可设置板材尺寸、板材类型、板材厚度及切割气体等，如图 3.18 所示。

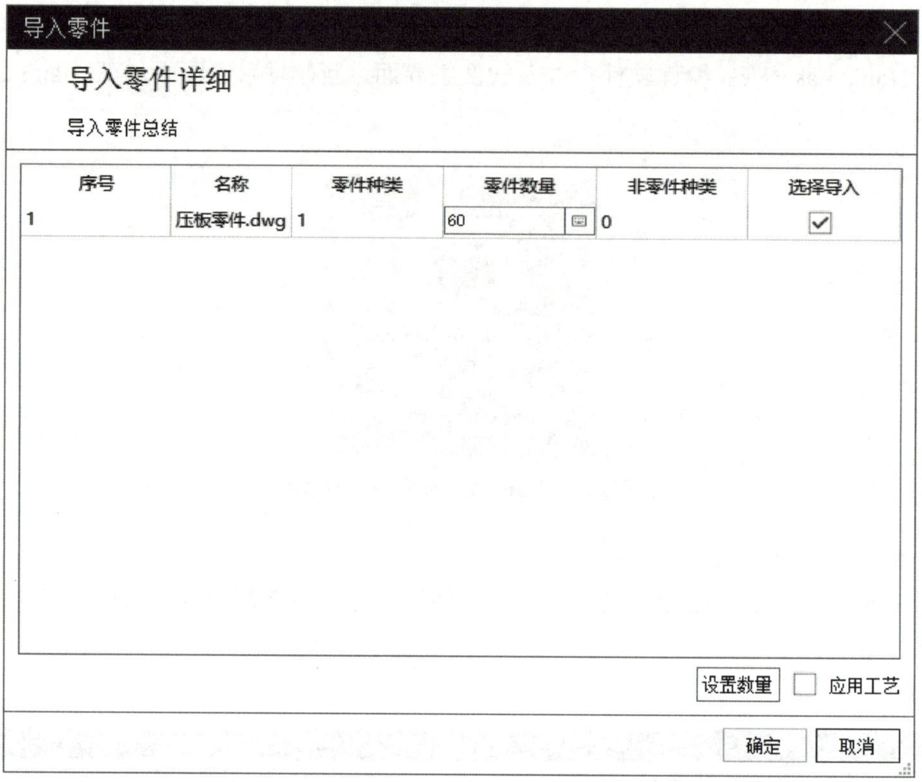

图 3.17　设置零件数量

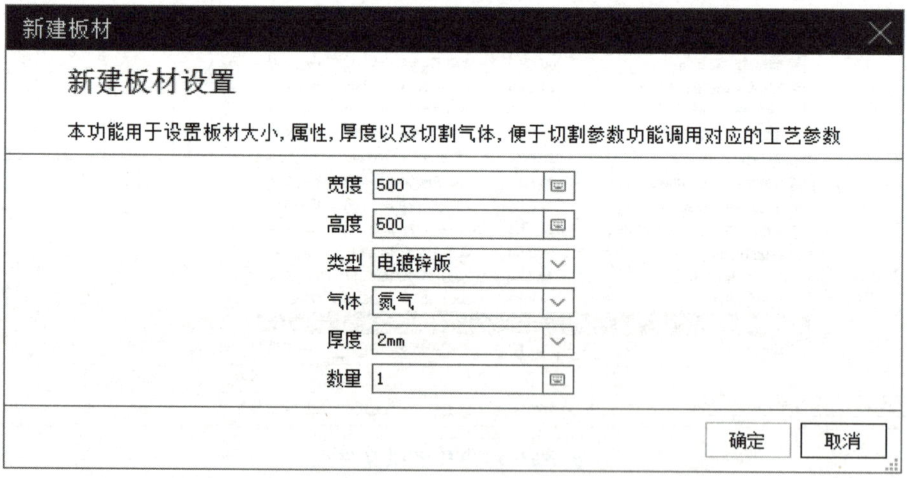

图 3.18　板材参数设置

（4）自动排样

零件导入和板材设置完成后，就可进行自动排样，单击“排样”菜单栏下的“排样”命令，弹出自动排样参数设置界面，可对排样参数进行设置，如图 3.19 所示。

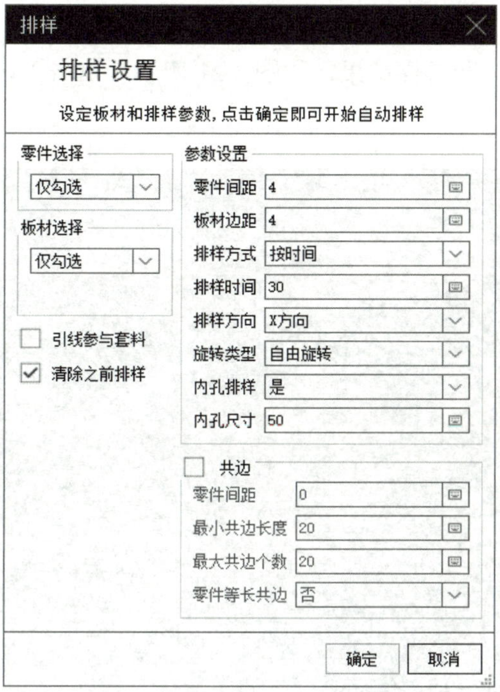

图 3.19　自动排样参数设置

排样参数设置完成后，单击“确定”，软件会进行自动排样，在排样过程中可对排样效果进行预览，如图 3.20 所示。

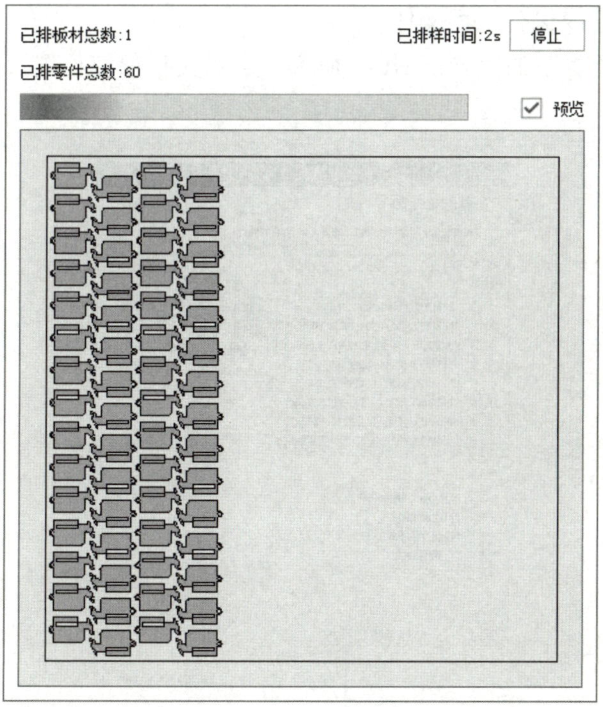

图 3.20　排样效果预览

（5）切割参数设置

排样完成后，可双击打开排样结果，如图 3.21 所示，单击“切割参数”命令，可设置零件的工艺参数。

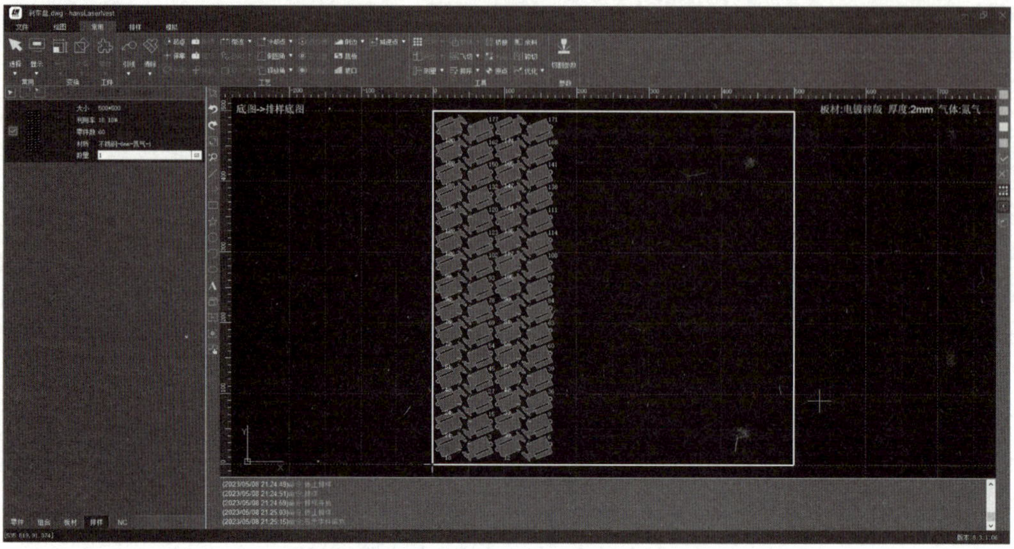

图 3.21　排样打开

（6）程序模拟

具体操作参考展示柜案例。

（7）导出加工程序或保存工程文件

单击“模拟”菜单栏下的“导出 NC”命令，可对文件保存位置、文件名称等进行设置，如图 3.22 所示。

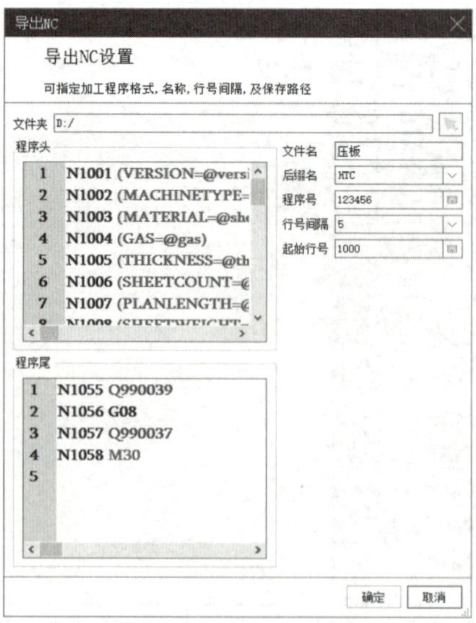

图 3.22　导出 NC 程序

（8）程序上传

加工程序确认无误后，将工件程序或工程文件传送至机床，或者通过外部存储设备将程序文件或工程文件导入机床，即可用来进行切割。

2. 设备操作

工件的切割程序上传至机床后，按照设备加工流程进行切割，根据工件及材质厚度的不同，在准备过程中使用不同的功能及工艺完善并解决问题。设备操作的基本步骤如下。

（1）喷嘴更换

根据所需加工材料，选择对应工艺文件，然后根据工艺文件的提示选择喷嘴，将选好的喷嘴更换并安装至切割头处，检查是否存在松动或者堵塞等情况，确认无误后开始下一步操作。

（2）气体测试

更换好喷嘴后，单击“气体测试”按钮进行气体测试。需注意的是，本案例加工气体要求为空气，需要在加工现场确认外部输入高压气体是否为空气。

（3）同轴调校

移动切割头到合适的位置进行为“同轴调校”，具体操作参考展示柜案例。

（4）切割头标定

单击“生产”界面右侧的“随动标定”，确定启动，切割头会自行运行到标定模块进行标定动作。切割头动作结束后，手动将切割头移动至板材上方。

（5）程序选择

打开“生产”界面，单击“当前程序”，找到放置切割工件程序的文件位置（压板文件），加载后查看“生产”界面显示工件是否存在问题，若无问题可进行下一步操作。

（6）工艺参数选择

根据所需切割工件材料厚度，选择对应的工艺参数。

（7）寻边设置

打开“生产”界面，单击左侧的“机床设置”，打开上方的“寻边功能”。确保机床在切割运行时能够自动确定板材位置，保证工件的切割位置。寻边有多种方式，根据实际情况进行选择即可。本案例选用“当前寻边”。

（8）走边框

待寻边完成，走边框检查工件加工范围，具体操作参考展示柜案例。

（9）开光切割

确认加工范围无误后就可以出光切割，具体操作参考展示柜案例。

首件检查后，如果发现切割出来的产品背面毛刺较多，尤其是拐角的地方（这是因为切割拐角时机床会先减速再加速，从而导致拐角功率与切割速度不匹配），可以使用功率曲线改善切割效果。

如图 3.23 所示，最下面的线对应峰值功率曲线，中间的线对应切割频率曲线，最上面的线对应占空比曲线，横向坐标轴对应速度（单位：m/min），最大速度对应切割参数所设置的速度，纵向坐标轴对应百分比，即当机床拐角降速为 4 m/min 时，所对应的占空比约等于 60%。软件可以根据切割速度实时匹配切割输出的功率，进而达到改善切割效果的目的。

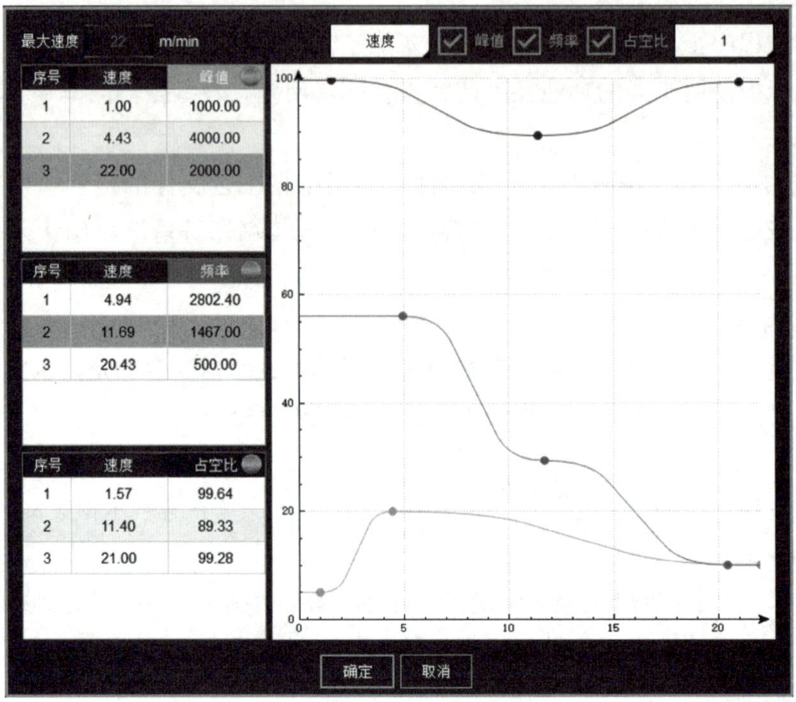

图 3.23　功率曲线

3. 切割成品展示

激光切割加工后的工件如图 3.24 所示，整体结构完整，切割面光滑、无毛刺，拐角处无过烧现象。当切割样品出现切割面粗糙、挂有熔融物时（见图 3.25），就需要对切割工艺参数中的速度、气压、焦点等进行修改优化。

图 3.24　压板实物加工图（一）

图 3.25　压板实物加工图（二）

项目 4

船舶领域的应用

项目描述

近几年，“精密造船”和“快速造船”已成为船舶（见图 4.1）制造业发展的主要趋势。船舶制造行业主要以钢板原料为主，使用激光切割板材，可大大缩短生产周期，降低生产成本。适合激光切割机切割的船体零件主要有下列几类：

① 小合拢时所需的各类板材零件（如需组拼的桁材或其他部件）；

② 分段中一些较薄的板材；

③ 切割时容易变形的板材零件（如上层建筑中的板材）；

④ 对切割质量和精度要求较高的板材（如滚装船中的甲板）。

图 4.1 船舶

在船舶制造领域，船体分段装配精度要求非常高，其装配间隙必须控制在 1 mm 的范围内，激光切割可保证装配精度在要求范围内。目前，船舶行业船体板材零件的下料方式主要为火焰切割、等离子切割、剪切加工及激光切割。相较于激光切割，其他切割方式有诸多不足，如火焰切割、等离子切割割缝宽、精度差，易产生有害气体，污染环境，而激光切割具有切割精度高、材料热变形程度小等优点，可减少二次加工（如铣边、钻孔、转运、打磨等），尤其是在小圆、小孔、曲面加工等方面完全符合船体分段装配的精度要求。激光切割还可以作为最后一道工序，减少配合工时及加工成本，实现无障碍切割。

通过本项目的学习，可以使学生系统地了解零件处理、编程排样、上机切割等任务，掌握激光切割加工的基本流程，熟练使用 Han's LaserNest 编程软件，熟练掌握 CNC 激光数控加工系统的使用和激光设备的操作步骤，了解基本的程序设计处理，培养工艺应用和应对实际切割问题的能力。本项目以大族 LION 3015 光纤激光切割机为例。

任务 4.1　船锚案例实训

任务分析

1. 加工要求

毛坯为 500 mm×500 mm×12 mm 规格的碳钢板材。要求在板材上加工出如图 4.2 所示的船锚零件 4 个。工件要求断面光滑，背面无明显毛刺，拐角圆弧平滑、无明显烧边，打标的 logo 清晰可辨。

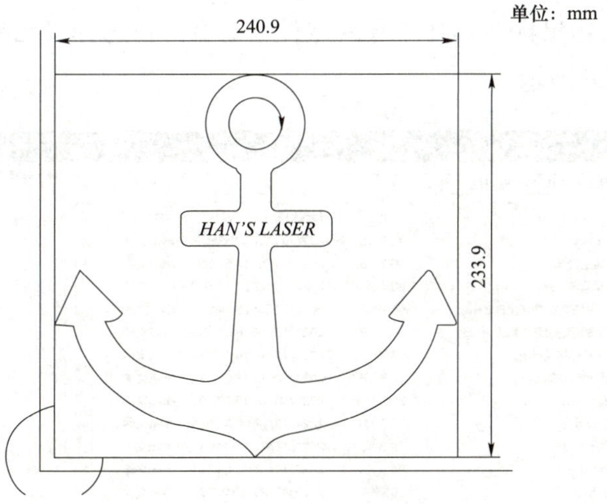

图 4.2　船锚加工图纸

2. 加工图纸分析

从加工图纸可以看出，该船锚零件为不规则异形零件且存在尖角，可以加入拐角冷却处理以防止尖角处过烧，并添加适合的补偿使零件符合图纸尺寸，添加适合的引线使刀口平滑。

3. 切割技术目标

要求切割面均匀平整、无明显毛刺，拐角圆弧无明显烧边现象，选择氧气作为辅助气体参与切割，加入合适的引线使接刀口处无明显凸起，添加合适的补偿以达到工件加工要求。

任务实施

1. CAM 编程

本案例为多个零件加工，可以使用自动排样，具体步骤如下。

（1）新建项目

打开 Han's LaserNest 编程软件，进入软件主界面。图 4.3 为 Han's LaserNest 软件图标。

图 4.3　Han's LaserNest 软件图标

（2）零件导入及数量设置

在零件库空白处右击鼠标，选择“导入零件”命令，再选择“船锚”图纸所在文件夹，并选择该零件，如图 4.4 所示。

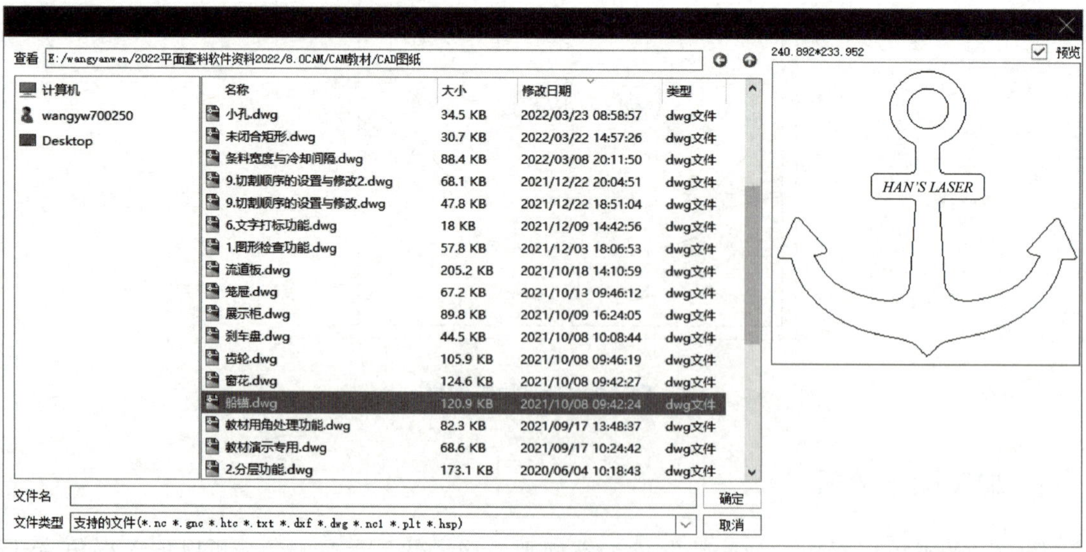

图 4.4　导图预览界面

选择“目标零件”后，单击“确定”，进入零件数量设置界面，并输入数量“4”，如图4.5所示。

图4.5　零件数量设置

（3）新建板材

在板材栏空白处右击鼠标，选择“新建板材”命令，弹出板材设置对话框，并设置板材尺寸、板材类型、板材厚度及切割气体，如图4.6所示。

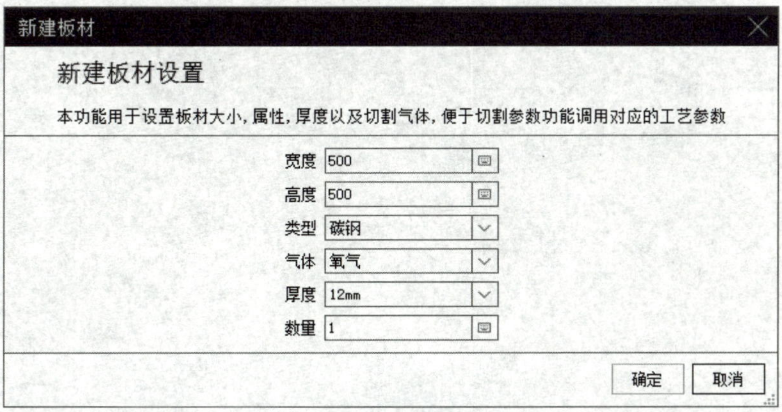

图4.6　板材设置

（4）自动排样

零件导入和板材设置完成后，就可进行自动排样。单击“排样”菜单栏下的“排样”命令，弹出自动排样参数设置界面，并对排样参数进行设置，如图 4.7 所示。

排样参数设置完成后，单击“确定”，软件会进行自动排样。在排样过程中可对排样效果进行预览，如图 4.8 所示。

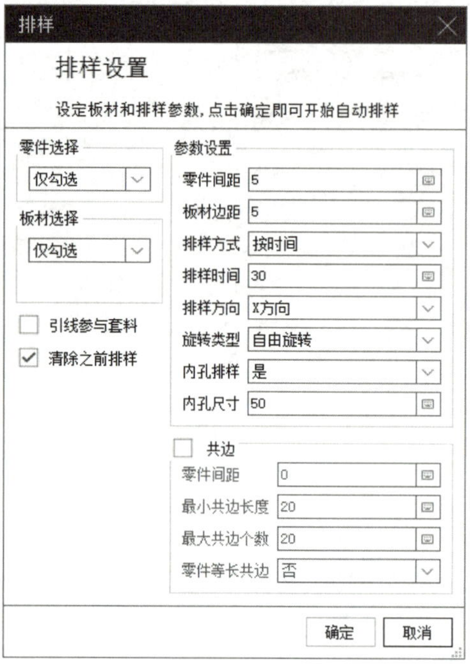

图 4.7　自动排样参数设置

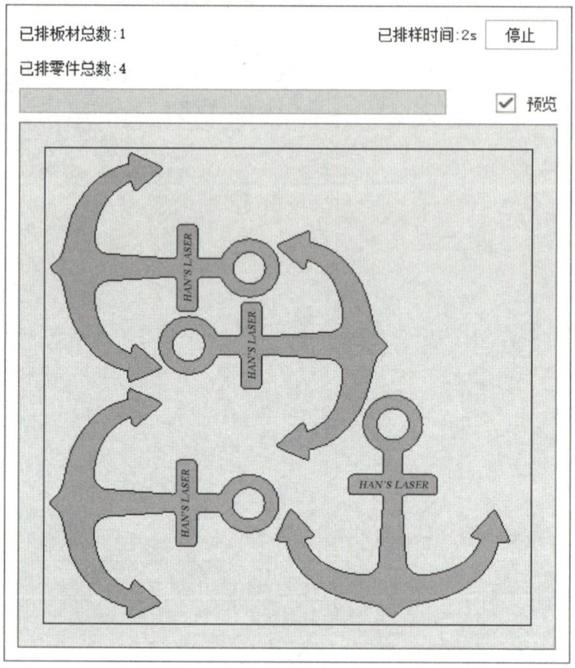

图 4.8　排样效果预览

排样完成后，可双击排样结果进行打开，如图 4.9 所示。

图 4.9　排样结果打开

（5）切割参数设置

双击打开排样结果，选中全部零件后，单击“切割参数”命令，对零件添加引线、补偿、微连接、路径优化、图层设置等工艺，如图 4.10 和图 4.11 所示。

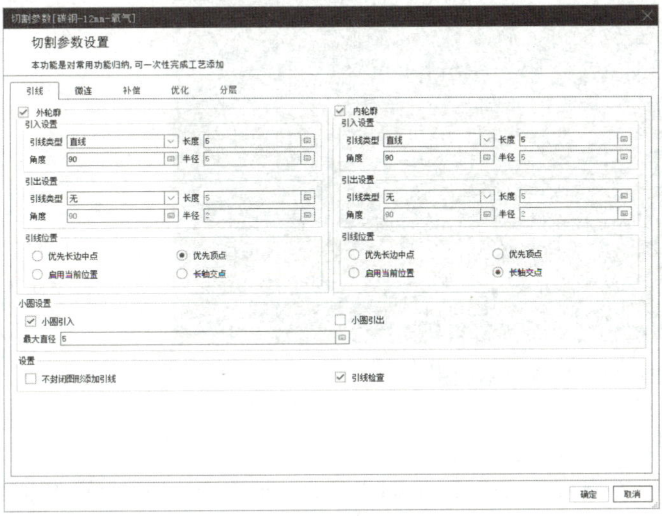

图 4.10　切割参数设置

图 4.11　切割参数添加后

logo 设置成为打标的步骤：直接双击零件，进入零件编辑状态，如图 4.12 所示。进入到零件编辑状态后，选择需要打标的文本轮廓，再单击软件右侧的打标图层，就可完成打标图层设置，如图 4.13 所示。

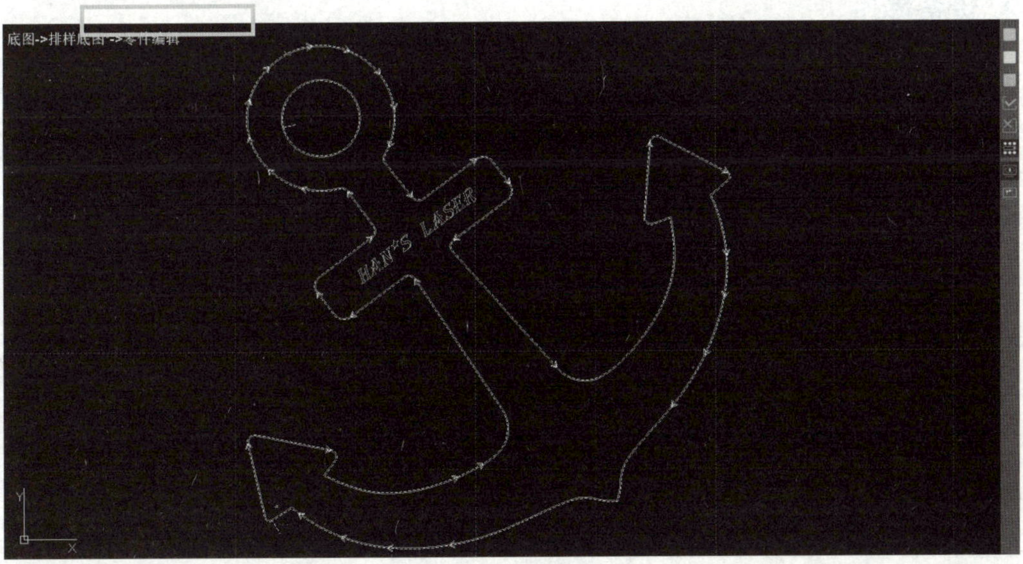

图 4.12　零件编辑

（6）程序模拟

具体操作参考展示柜案例。

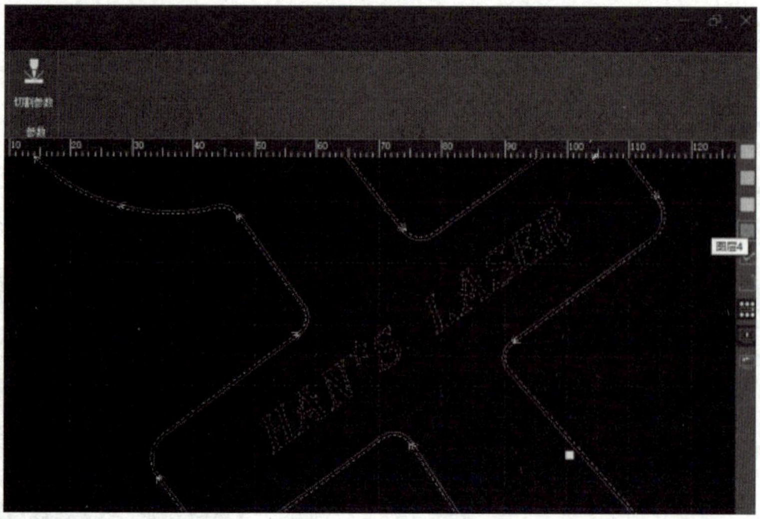

图 4.13　文本打标设置

（7）导出加工程序或保存工程文件

加工程序导出的具体操作为：单击“模拟”菜单栏下的“导出 NC”命令，设置好保存路径、文件名称等，单击“确定”或单击文件菜单栏下的“另存为”命令，将工程文件保存。

（8）程序文件或工程文件上传

加工程序确认无误后，将工件程序或工程文件上传送至机床，或者通过外部存储设备将程序文件或工程文件导入机床，即可用来进行切割。

2. 设备操作

工件的切割程序上传至机床后，按照设备加工流程进行切割，根据工件及材质厚度的不同，在准备过程中使用不同的功能及工艺完善并解决问题。设备操作的基本步骤如下。

（1）喷嘴更换

根据所需加工材料，选择对应工艺文件，根据工艺文件提示选择喷嘴。将选好的喷嘴更换并安装至切割头处，检查是否存在松动或者堵塞等情况，确认无误后开始下一步操作。

（2）气体测试

更换好喷嘴后，单击“气体测试”按钮进行气体测试，具体操作步骤可参考展示柜案例。需注意的是，本次案例加工气体要求为氧气，为保证氧气纯度，一定要持续放气，以保证彻底排空原管道残留的气体，防止气体混合导致切割起步不良。

（3）同轴调校

移动切割头到合适的位置进行同轴调校，具体操作参考展示柜案例。

（4）切割头标定

单击“生产”界面右侧的“随动标定”，确定启动，切割头会自行运行到标定模块进行标定动作。切割头动作结束后，手动将切割头移动至板材上方。

（5）程序选择

打开“生产”界面，单击“当前程序”，找到放置切割工件程序的文件位置（船锚文件），加载后单击“生产”界面查看工件是否存在问题，若无问题可进行下一步操作。

（6）工艺参数选择

根据所需切割工件材料厚度，选择对应的工艺参数：T12—Ms—D4.0—O2。

（7）寻边设置

打开“生产”界面，单击左侧的“机床设置”，打开上方的“寻边功能”，确保机床在切割运行时能够自动确定板材位置，保证工件的切割位置。寻边有多种方式，根据实际情况选择即可，本案例选用“当前寻边”。

（8）走边框

待寻边功能完成后，走边框确认工件加工范围，具体操作参考展示柜案例。

（9）开光切割

确认加工范围无误后就可以开始出光切割，具体操作参考展示柜案例。

3. 切割成品展示

激光切割加工后的工件如图 4.14 所示，整体结构完整，切割面光滑、无毛刺，拐角处无过烧现象。

图 4.14 船锚加工实物图

任务 4.2 法兰案例实训

任务分析

1. 加工要求

毛坯为 500 mm×500 mm×8 mm 规格的碳钢板材，要求在板材上加工出如图 4.15 所示的法兰零件 25 个，工件要求断面光滑，背面无明显毛刺，拐角圆弧平滑、无明显烧边，排样合理，切割过程流畅。

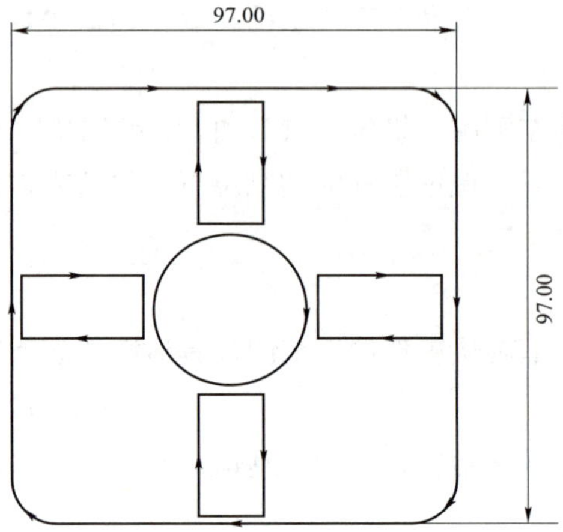

图 4.15　法兰加工图纸

2. 加工图纸分析

从加工图纸可以看出，该法兰零件为方形带圆角的规则图形。根据图形及板材大小，同时结合加工数量要求可以选择共边切割此零件。为了使切割过程流畅，应设置大小合适的预切割。

3. 切割技术目标

要求切割面均匀平整，无明显毛刺，拐角圆弧无明显烧边。选择氧气作为辅助气体参与切割，内轮廓加入合适的引线使接刀口处无明显凸起，添加合适的补偿以达到工件加工要求。

任务实施

1. CAM 编程

本案例为多个零件加工，可以使用套料软件编程，具体步骤如下。

（1）新建项目

打开 Han’s LaserNest 编程软件，进入软件主界面，新建项目。图 4.16 为 Han’s LaserNest 软件图标。

图 4.16 Han's LaserNest 软件图标

（2）零件导入及数量设置

在零件库空白处右击鼠标，选择“导入零件”命令，再选择法兰图纸所在的文件夹地址，并选择该零件，如图 4.17 所示。

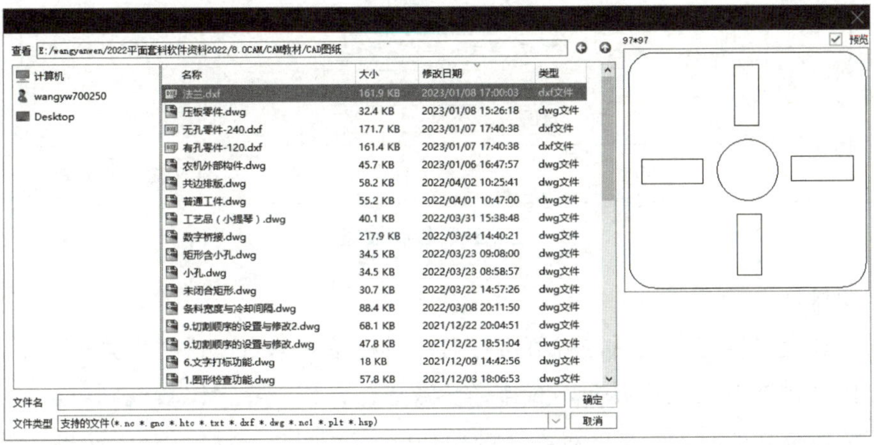

图 4.17 导入预览

选择目标零件后，单击“确定”，在弹窗中设置零件数量为 25，单击“确定”，如图 4.18 所示。

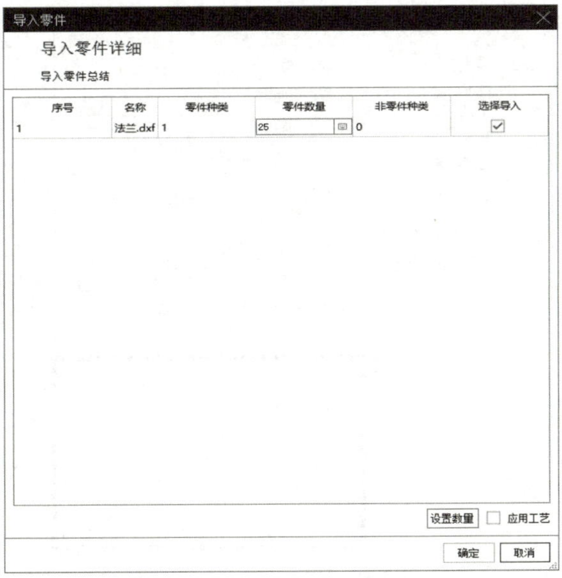

图 4.18 零件数量设置

（3）新建板材

在板材栏空白处右击鼠标，选择“新建板材”命令，弹出板材设置对话框，设置板材尺寸、板材类型、板材厚度及切割气体，如图 4.19 所示。

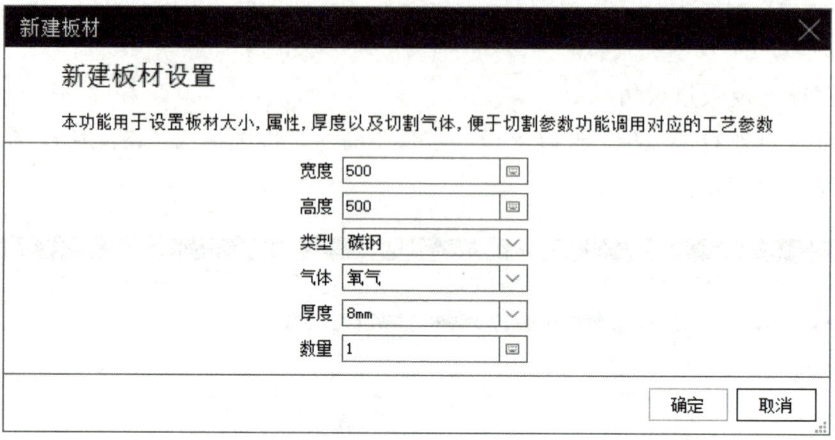

图 4.19　板材设置

（4）自动排样

零件导入和板材设置完成后，就可进行自动排样了，单击“排样”菜单栏下的“排样”命令，弹出自动排样参数设置界面，对排样参数进行设置。零件比较规则可选择共边排样，但是使用共边排样功能时，需要先对零件进行补偿，否则共边排样后是无法再次进行补偿的，如图 4.20 所示。

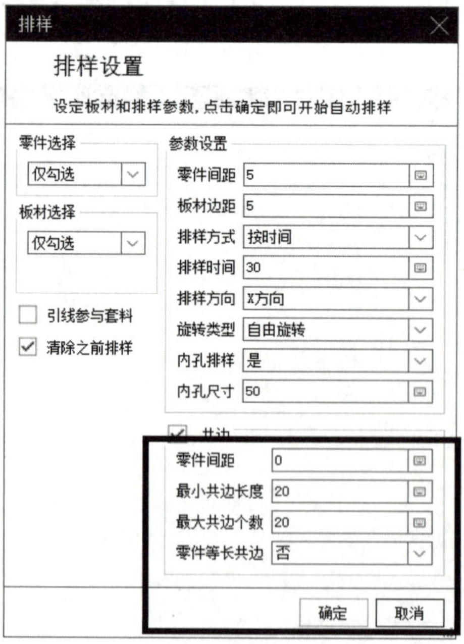

图 4.20　自动排样参数设置

（5）切割参数设置

双击打开排样结果后，选中全部零件，单击“切割参数”命令，对零件添加引线、补偿、微连接、路径优化、图层设置等工艺，如图 4.21 所示。

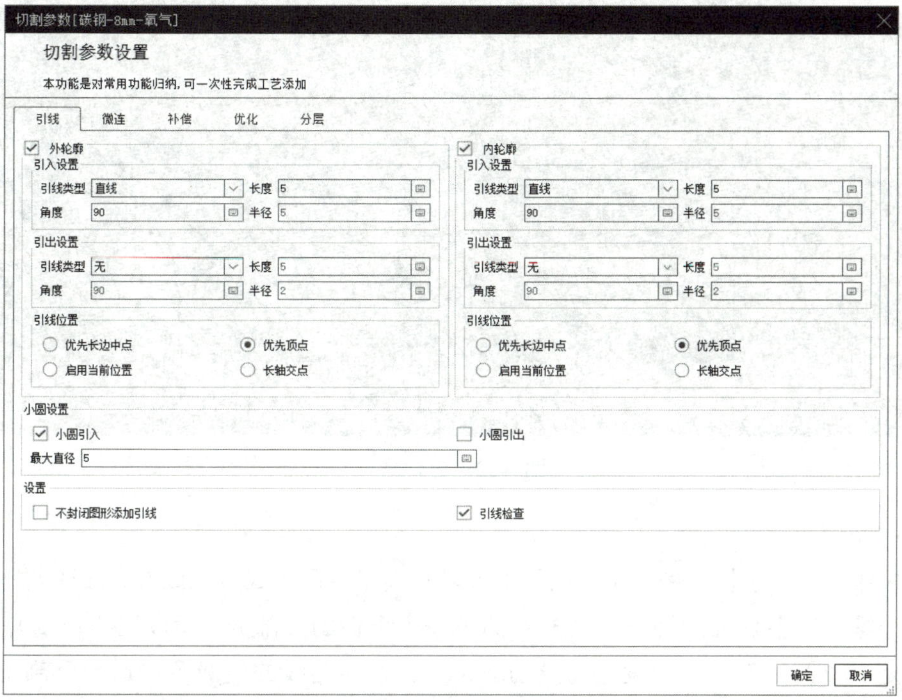

图 4.21　切割参数设置

切割参数设置完成后，需要单击共边功能设置共边参数，并根据实际情况设置过切参数。过切是指在切割零件的过程中，当切割到与其他零件相接位置时，会直接切到其他零件上去，这样可避免切下一个零件时从该零件的边缘处起刀，如图 4.22 和图 4.23 所示。

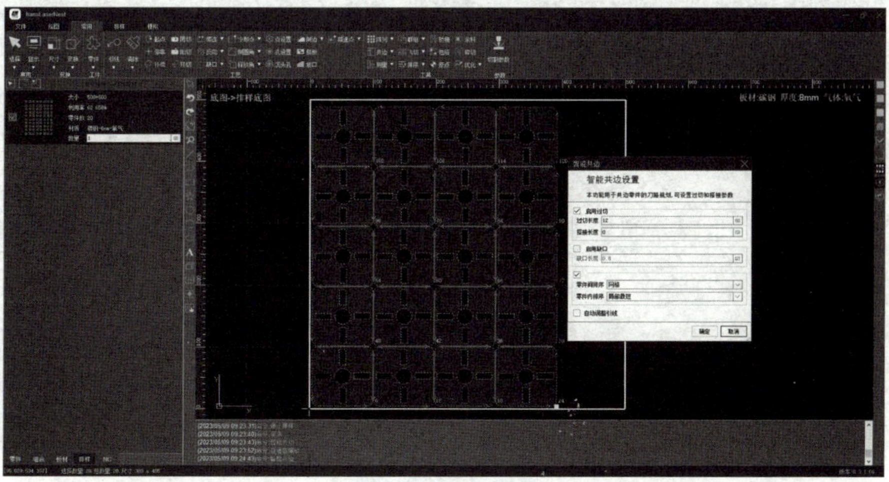

图 4.22　共边设置

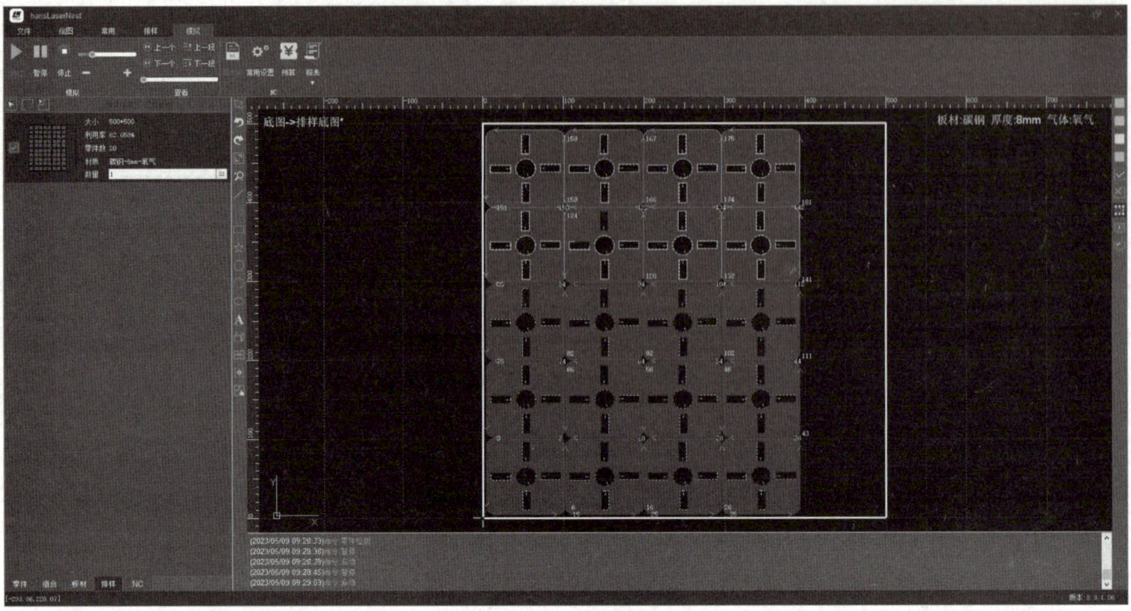

图 4.23　过切预览

（6）程序模拟

具体操作参考展示柜案例。模拟过程中可以看到路径已生成过切路线，如图 4.24 所示，在切割上一个零件时会提前预切割与之相邻的下一个零件的一部分（即过切的长度）；过切路线的长度就是在“共边”命令中设置的过切的长度。过切路线的生成可以避免已割工件翘起而导致在接刀过程中引起的一些碰撞，进而保证切割此类共边图形的流畅性。

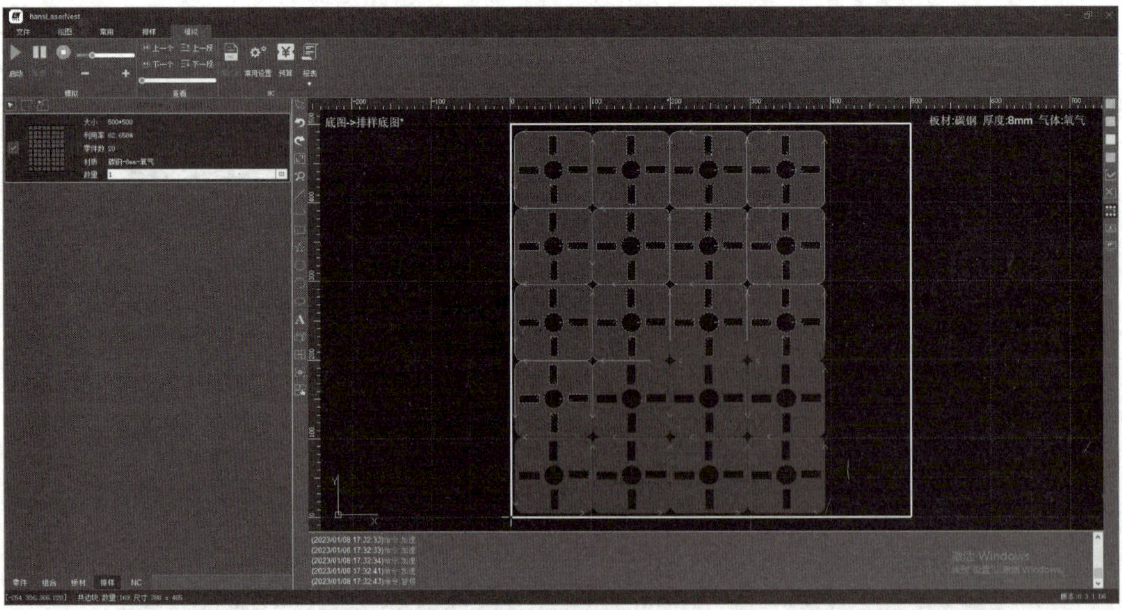

图 4.24　模拟预览

（7）导出加工程序或保存工程文件

加工程序输出的具体操作为：单击“导出 NC”命令，设置保存路径、文件名称等，单击“确定”。

（8）程序文件或工程文件上传

加工程序确认无误后，将工件程序或工程文件传送至机床，或者通过外部存储设备将程序文件或工程导入机床，即可用来进行切割。

2. 设备操作

工件的切割程序上传至机床后，按照设备加工流程进行切割，根据工件及材质厚度的不同，在准备过程中使用不同的功能及工艺完善并解决问题。设备操作的基本步骤如下。

（1） 喷嘴更换

根据所需加工材料，选择对应的工艺文件，根据工艺文件提示选择喷嘴。将选好的喷嘴更换并安装至切割头处，检查是否存在松动或者堵塞等情况，确认无误后开始下一步操作。

（2） 气体测试

更换好喷嘴后，单击“气体测试”按钮进行气体测试，具体操作步骤可参考展示柜案例。本案例加工气体要求为氧气，为保证氧气纯度，一定要彻底排空原管道残留的气体，防止气体不纯导致切割起步不良。

（3） 同轴调校

移动切割头到合适的位置进行同轴调校，具体操作参考展示柜案例。

（4） 切割头标定

单击“生产”界面右侧的“随动标定”，确定启动，切割头会自行运行到标定模块进行标定动作。切割头动作结束后，手动将切割头移动至板材上方。

（5） 程序选择

打开“生产”界面，单击“当前程序”，找到放置切割工件程序的文件位置（法兰文件），加载后查看“生产”界面显示的工件是否存在问题，若无问题可进行下一步操作。

（6）工艺参数选择

根据所需切割工件材料厚度，选择对应的工艺参数：T08—Ms—D1.2—O2。

（7） 寻边设置

打开“生产”界面，单击左侧的“机床设置”，打开上方的“寻边功能”，确保机床在切割运行时能够自动确定板材位置，保证工件的切割位置。寻边有多种方式，根据实际情况进行选择即可。本案例选用“当前寻边”。

（8） 走边框

开启“走边框”功能，检查板材尺寸是否充足，具体操作参考展示柜案例。

（9） 开光切割

打开激光光闸，启动激光切割，具体操作参考展示柜案例。

3. 切割成品展示

激光切割加工后的工件如图 4.25 所示，整体结构完整，切割面光滑、无毛刺，拐角圆弧处无过烧现象。

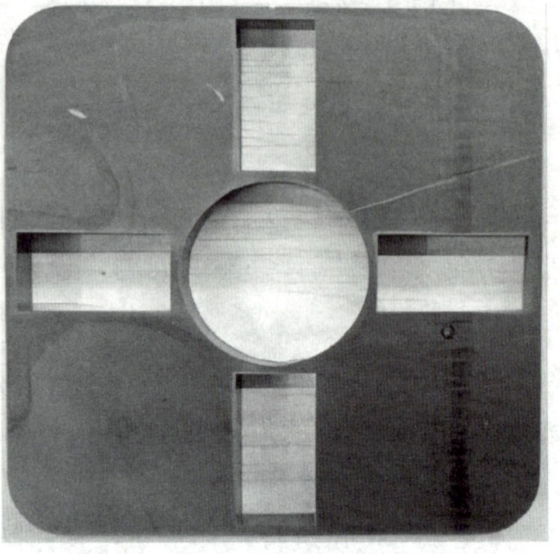

图 4.25　法兰加工实物图

项目 5

航天航空领域的应用

项目描述

航天航空业是集技术、信息、制造为一体的综合性尖端技术行业，也是我国着重发展的具有战略意义的高科技行业。航空飞机、载人航天飞船和空间探测器等都是常见的飞行器。从飞行器外壳到构件，再到其他航天器材，都涉及激光加工技术。

常见的航天航空激光切割材料有不锈钢、钛合金、铝合金、氧化铍等复合材料，这些材料都具有高强度、高硬度和耐高温的特点。随着航天航空业对加工设备精度和产量的要求不断提高，激光切割凭借周期短、无需模具、成型快等特点，成为航天航空设备加工的主要方式。

航天航空设备具有多品种、小批量的特点，尺寸具有多样性，如航空发动机（见图 5.1），在加工方式上同时涉及二维加工和三维加工，而传统的机械加工方式柔性差、效率低、成本高，相比之下，激光切割同时具备切割效率高、切割质量好和柔性加工能力强等优点。

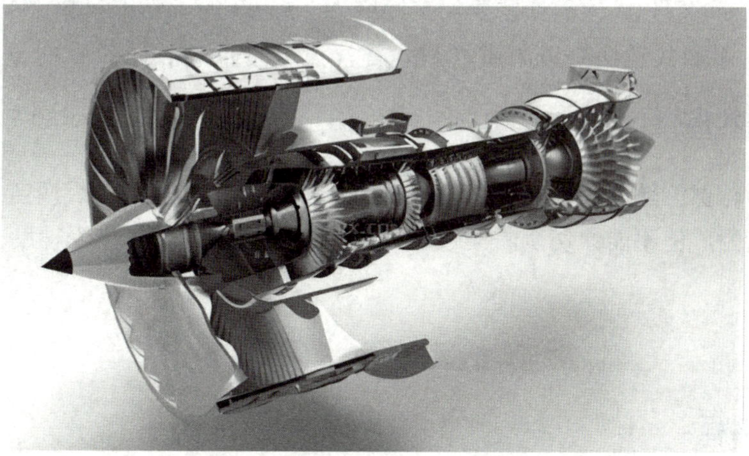

图 5.1　航空发动机内部结构图

通过本项目的学习，能使学生完成零件处理、编程排样、上机切割等任务，掌握激光切割加工的基本流程，熟练使用 Han's LaserNest 编程软件，熟练掌握 CNC 激光数控加工系统的使用和激光设备的操作方法，了解基本的程序设计处理、工艺应用，并培养学生应对实际切割问题的能力。本项目以大族 LION 3015 光纤激光切割机为例。

任务 5.1　流道板案例实训

任务分析

1. 加工要求

为保证飞行器性能，需在航空发动机尾部安装一套流道散热装置。图 5.2 为流道叶型板加工图纸，采用不锈钢材料，整体厚度为 2.5 mm，需满足的轮廓精度为 0.05 mm，前、后缘半径为 0.12 mm，流道板上的叶型孔装配间隙为 0.05～0.1 mm，孔位偏差不大于 0.08 mm。

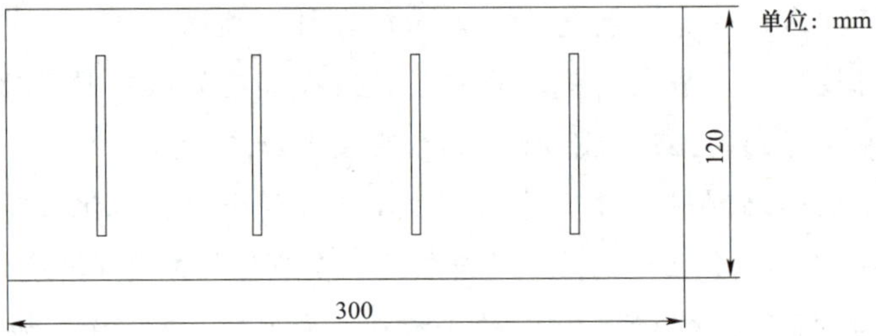

图 5.2　流道叶型板加工图纸

2. 加工图纸分析

从加工图纸可以看出，该零件需要加工厚度为 2.5 mm 的不锈钢材料，整体为简单轮廓，编程时可以考虑添加共边切割以节省板材，需注意精度控制和内轮廓的位置偏差。

3. 切割技术指标

需满足不同轮廓的精度和倒角要求，应注意在编程时添加补偿，后期需要在流道板上进行焊接等拼装行为，但不能让切割断面被氧化，所以需要使用氮气作为辅助气体。

任务实施

1. CAM 编程

（1） 新建项目

由于此零件精度要求较高，且需要批量切割，故可以先从套料软件导入零件，再对单个零件进行处理，最后套裁。打开 Han's LaserNest 软件，新建工程。图 5.3 为 Han's LaserNest 软件图标。

图 5.3　Han's LaserNest 软件图标

“新建项目”的设置操作可参考压板案例。

有些时候材质或者厚度可能在软件中没有事先设置，若在“零件编辑”弹窗中找不到 2.5 mm 厚度，如图 5.4 所示，在创建订单前可在“文件”菜单栏下的材料库中添加。

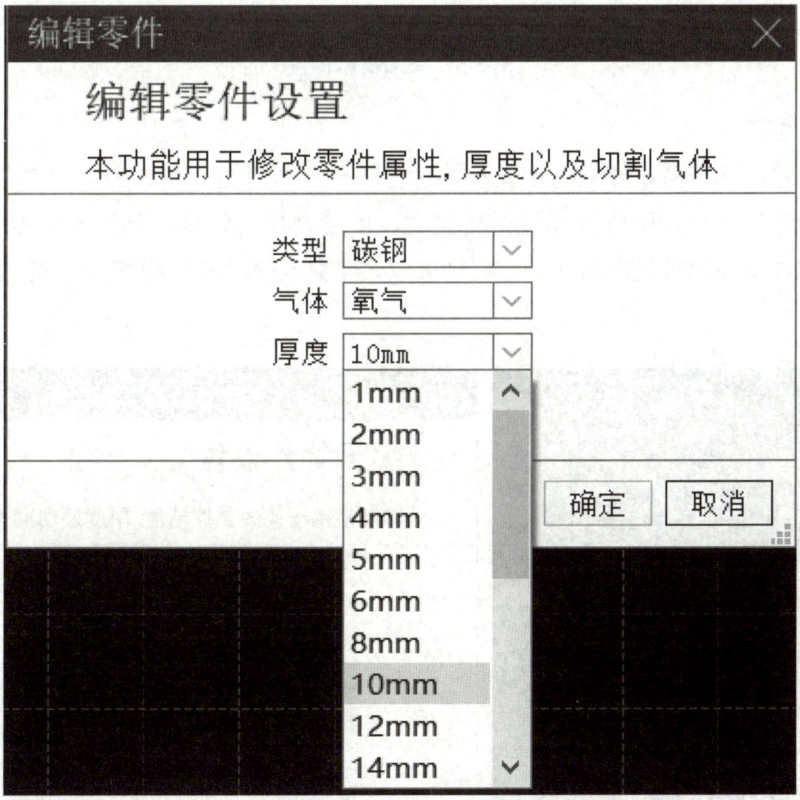

图 5.4　选择板材厚度

添加材料厚度的具体操作为：选择“文件”|“材料”，在厚度栏添加需要的厚度，如图 5.5 所示。

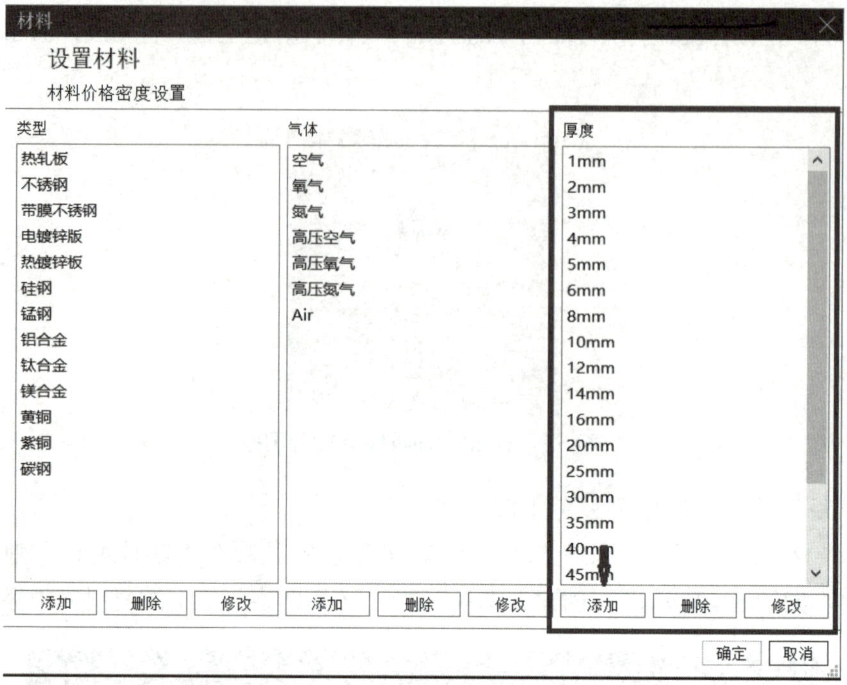

图 5.5　添加材料厚度

（2）零件编辑

工件导入完成后，在零件上右击鼠标，选择“一键零件处理”命令，可对零件添加工艺。选择“修改零件”命令，可修改零件材料类型、厚度及切割气体，如图 5.6 所示。

如果需要对零件单独进行处理，可以直接双击零件进入“零件库零件编辑”界面，如图 5.7 所示。

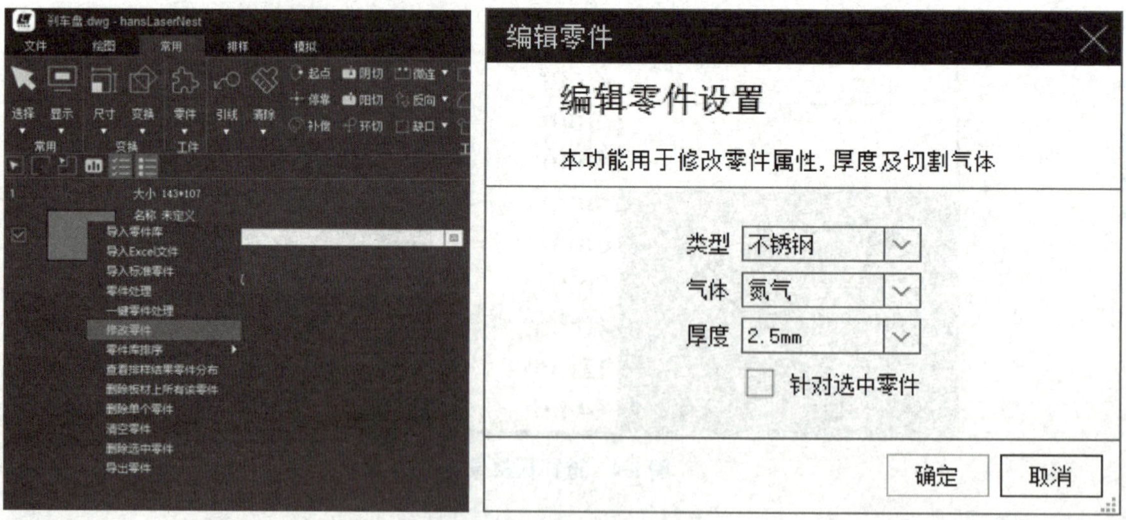

图 5.6　编辑零件设置

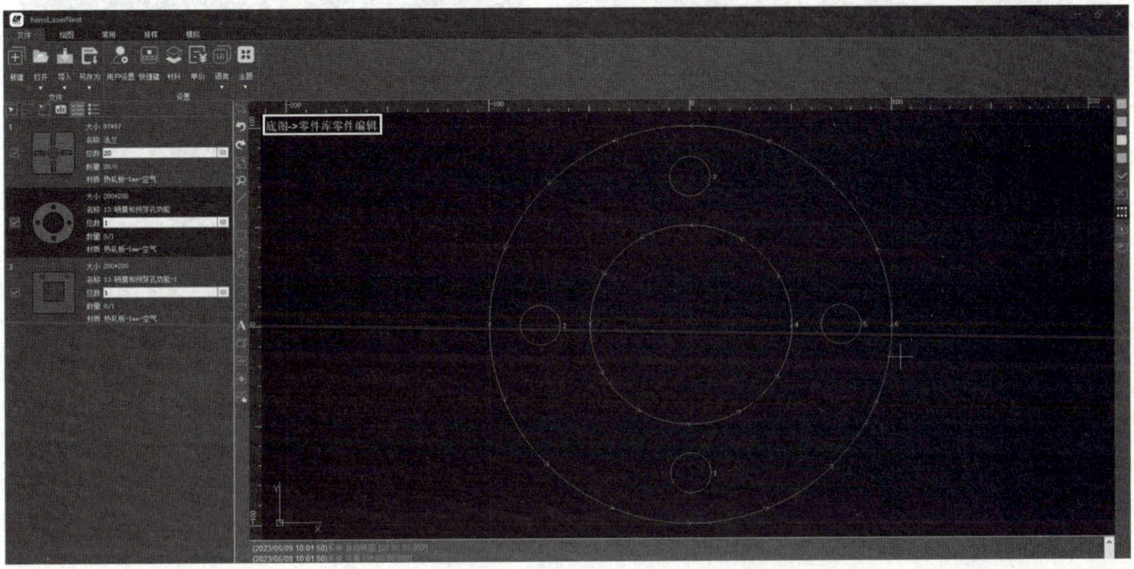

图 5.7　零件库零件编辑

可使用“倒圆角”功能对尖角进行过渡，如图 5.8 和图 5.9 所示。

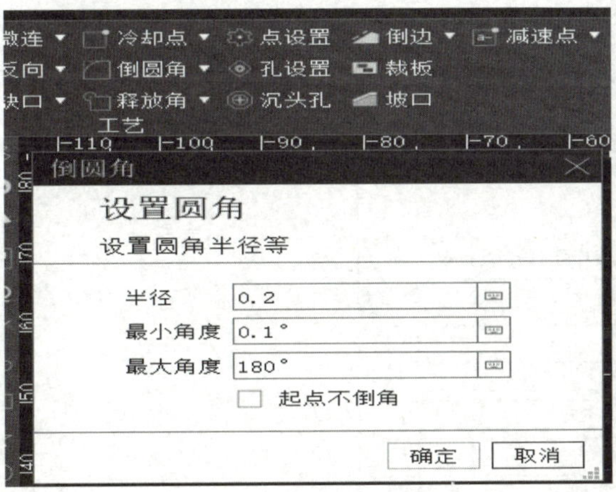

图 5.8　选择圆角半径

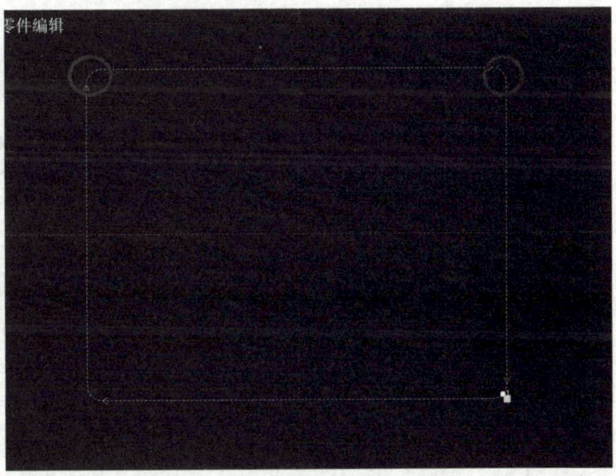

图 5.9　倒角处理后的细节

为了防止切割时小轮廓翘起导致切割头碰板，必要时可对内部小轮廓添加微连接。微连接具体需要的长度应根据实际情况确定，此处可设置为 0.1 mm，防止因微连接过长导致后期不易将材料取出。

设置微连接的步骤如下：选择“常用”|“微连”|“手动微连”，会弹出微连接参数设置对话框，可将微连长度设置为“0.1”，微连类型选择“普通微连”，具体设置如图 5.10 所示；然后单击“确定”，移动鼠标到需要添加微连的地方单击即可，显示效果如图 5.11 所示。

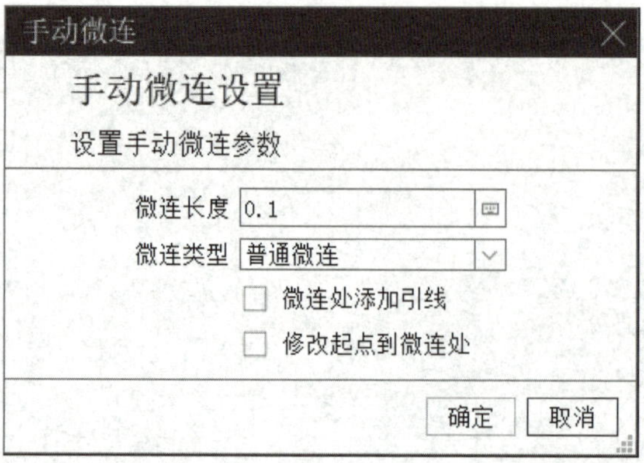

图 5.10　设置微连接

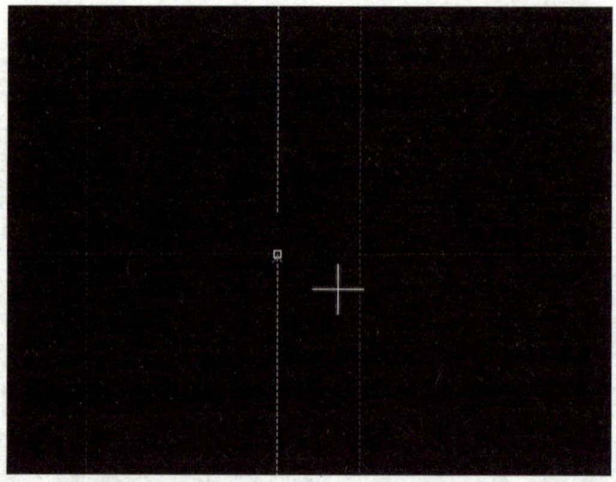
图 5.11　微连显示效果

本案例描述的微连接设置方法为手动设置，自动设置微连接的方法可参考压板案例“数量设置”中的相关描述。

（3）自动排样

为了提高板材利用率，可勾选“共边”选项，如图 5.12 所示。由于在实际生产中，激光热处理可能会导致板材变形，所以不能对所有的工件都添加共边，可限制最大共边数量为 2，两两共边，如图 5.13 所示。本案例中需要的工件数量较多，排样方式可选择按“时间”排样，排样时间设置为 60 s，排样方向为“X 方向”，旋转类型为“自由旋转”，零件间距为 5 mm，板材间距为 5 mm，设置完成后单击“确定”，软件会自动排样。

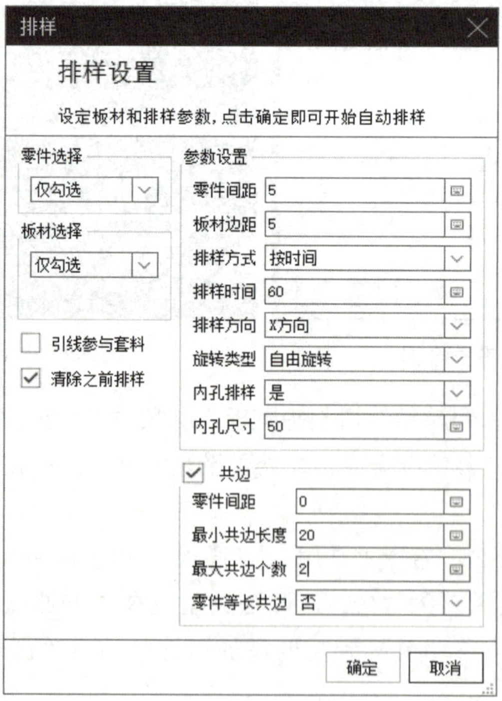

图 5.12　自动排样参数设置

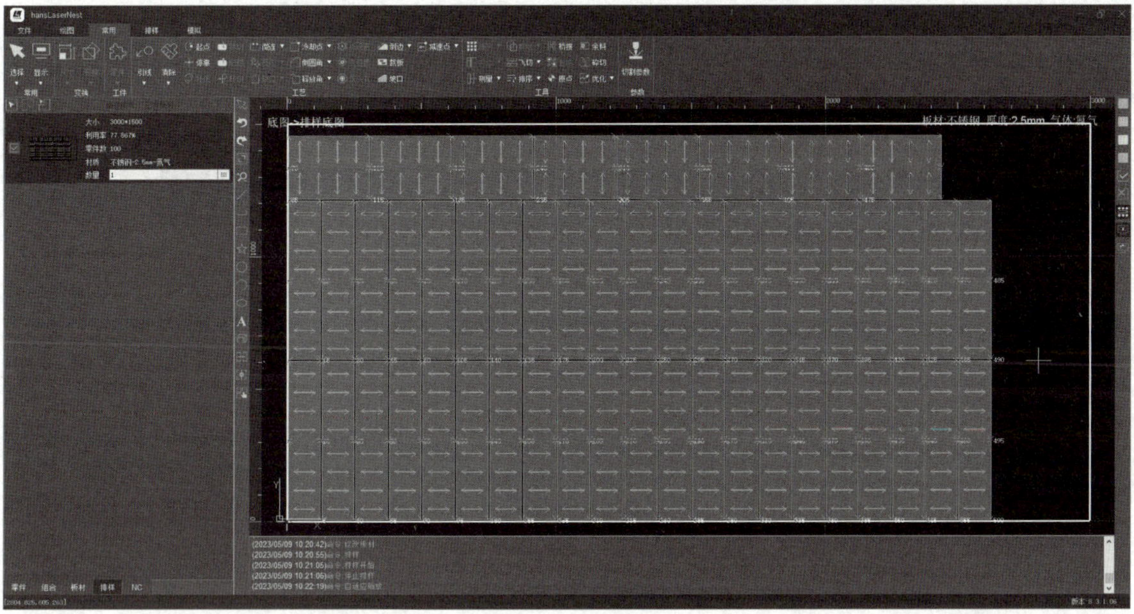

图 5.13 零件两两共边

自动排样完成后，所有工件都使用了共边，使用共边的局部效果如图 5.14 所示。

共边排样后，还要对排样结果进行智能共边设置，操作步骤为：选择“常用”|“共边”，单击“共边”后弹出“智能共边”设置对话框，如图 5.15 所示。

（4）切割参数设置

该功能主要是给排样结果添加引线、微连接、补偿等，如图 5.16 所示（注：共边排样前要提前添加好补偿，因为共边排样后，零件间距已不够进行补偿）。

图 5.14 局部共边效果

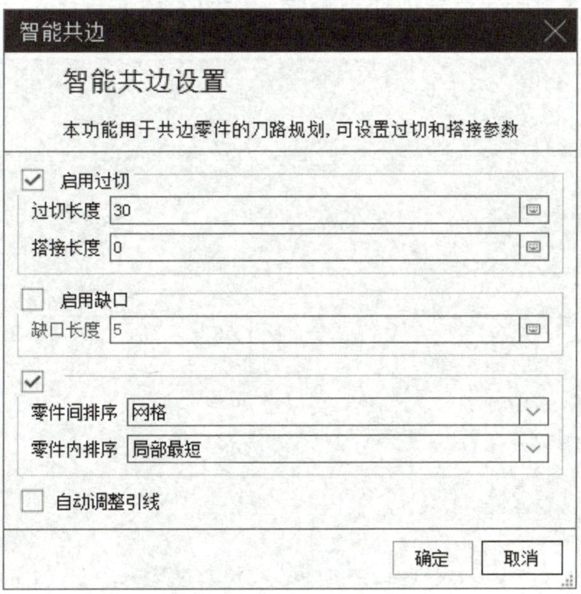

图 5.15 共边参数设置

注意：此零件需要的精度略有不同，可在前期试刀时通过游标卡尺测量不同区域具体的补偿值，然后记录数据以便使用。装配间隙和位置偏差控制通过修改轮廓尺寸范围添加补偿，总体轮廓精度需通过切割参数中的补偿功能来实现。

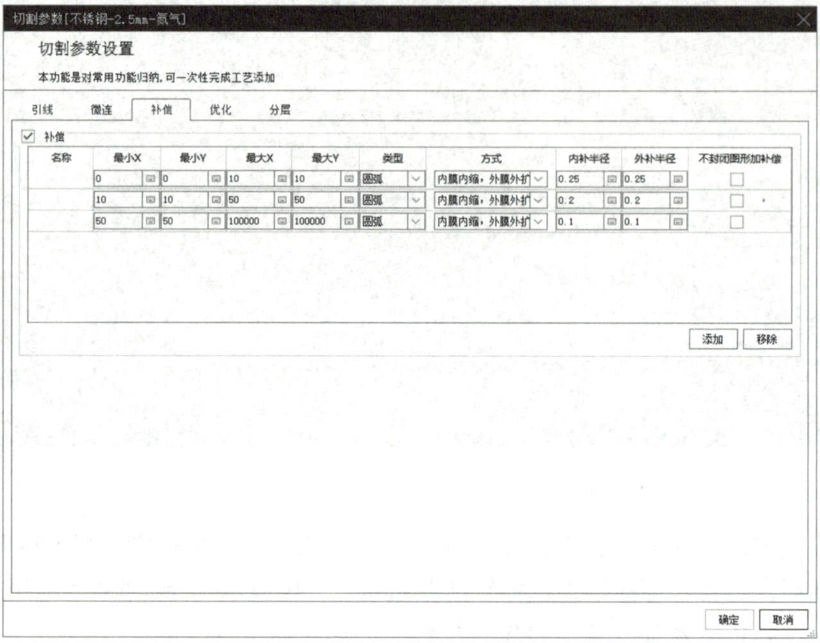

图 5.16　切割参数设置

（5）模拟检查

通过模拟功能检查切割路径、引线位置是否合理，如果存在引线干涉或切割路径不合理，则需手动修改引线位置或切割顺序，如图 5.17 所示。

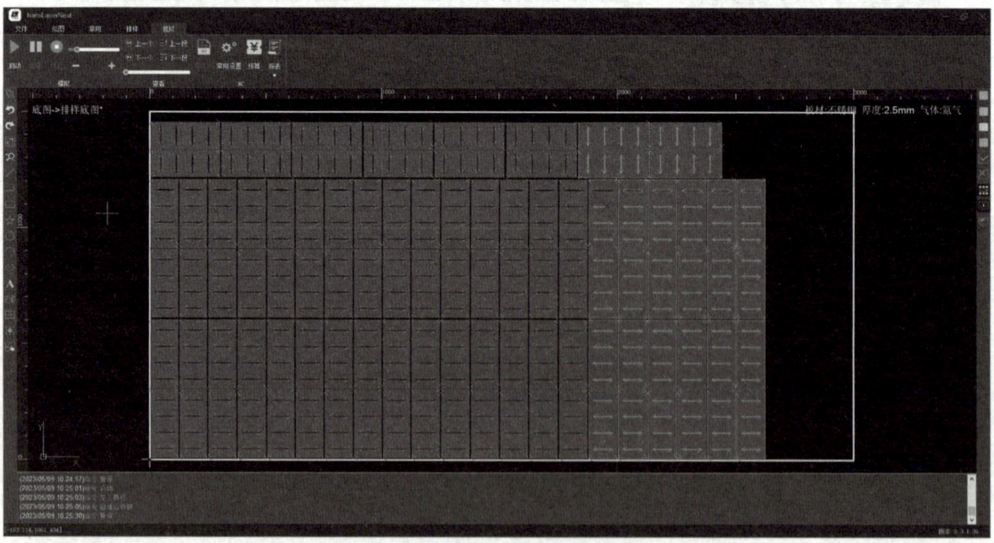

图 5.17　参数设置

（6）导出加工程序或保存工程文件

以上设置完成后，就可以导出加工程序或保存工程文件了。

（7）程序文件或工程文件上传

NC 程序确认无误后，将工件程序或工程文件上传至机床，或者通过外部存储设备将工件程序或工程文件导入至机床，即可用来进行切割。

2. 设备操作

（1）喷嘴更换

根据所需加工材料和切割辅助气体，挑选对应的喷嘴。

由于需要切割的板材厚度为 2.5 mm，在工艺参数筛选部分并无此选项，此时可直接选择邻近厚度，然后再通过工艺参数文件名称确定具体的喷嘴型号和工艺，如图 5.18 所示。本案例选择的是 D3.0C 喷嘴，工艺参数文件名为 T2.5—SUS—D3.0C—N2—07。确定喷嘴型号后，移动切割头到合适位置将其装上即可。

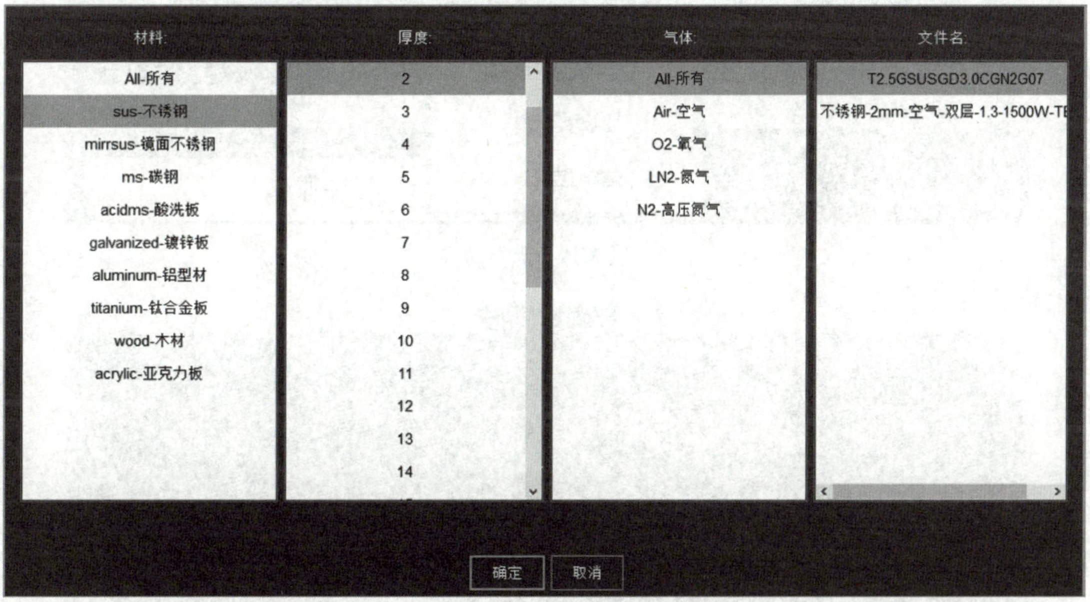

图 5.18 工艺参数筛选

（2）气体测试

换好喷嘴后，选择“气体测试”按钮进行气体测试，具体操作可参考展示柜案例。需注意的是，本案例加工质量要求较高，放气时间可以稍微延长，以保证气体纯度。

（3）同轴调校

移动切割头到合适的位置进行同轴调校，具体操作参考展示柜案例。

（4）切割头标定

将切割头移动到板材上方开阔区域后选择“板面标定”，标定完毕后可开始下一步操作。

（5）程序选择

在“生产”界面中单击“当前程序”，找到该“流道板”的 NC 文件，加载后查看“生产”界面显示的工件是否存在问题，若无问题可进行下一步操作。

（6）工艺参数选择

确定好程序后，打开工艺参数界面。由于加工精度较高，非必要尽量不要修改机床本身自带的参数。若精度不达标，可重新编程修改程序中的补偿值。

（7）寻边设置

本次加工可选择 3 点寻边方式，如图 5.19 和图 5.20 所示。配合“走边框”功能，可确定板材加工范围是否足够。

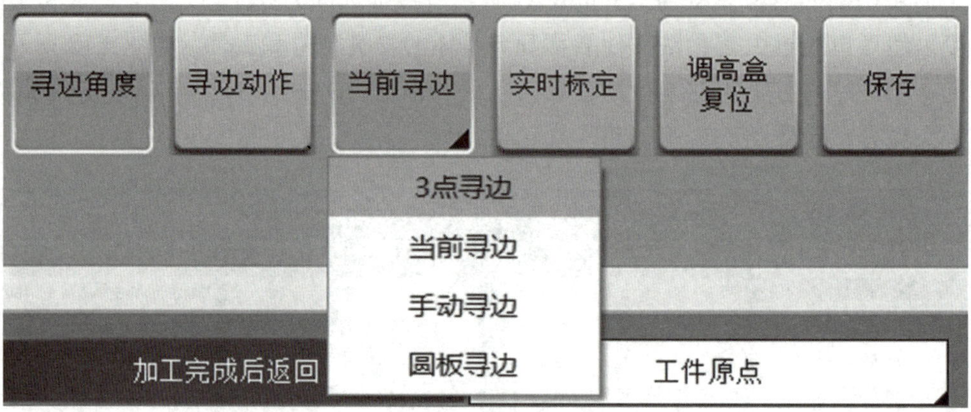

图 5.19　点寻边

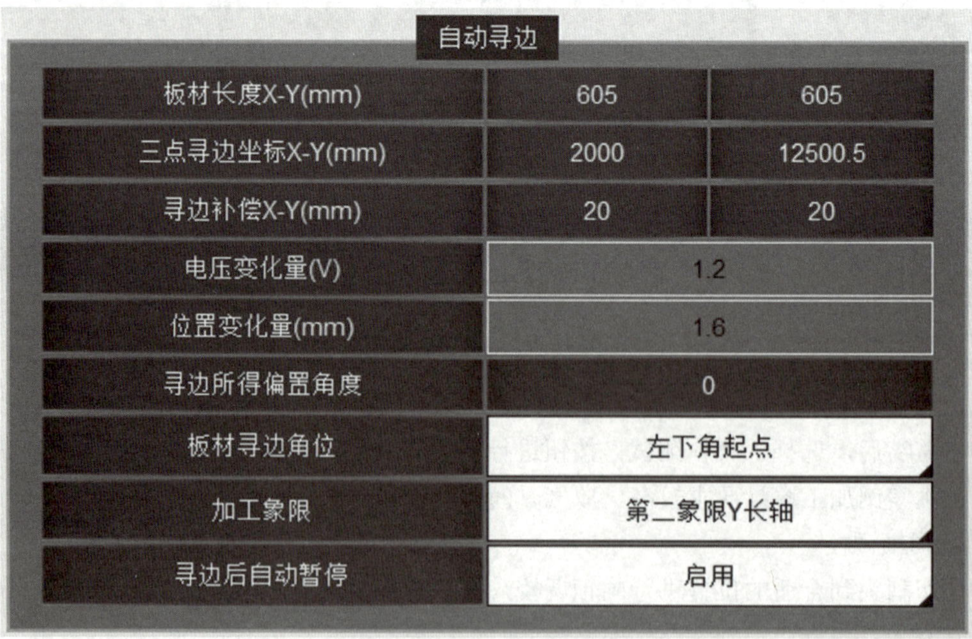

图 5.20　点寻边位置设定

（8）开光切割

切割头沿加工区域的最小外轮廓空运行一周后，若确定板材范围足够，可将速度倍率开关打到 100%后直接开启激光光闸进行切割，如图 5.21 所示。

图 5.21 开启激光光闸

3. 切割成品展示

激光切割加工后的工件如图 5.22 所示，整体无变形，切割零件下表面无渣。

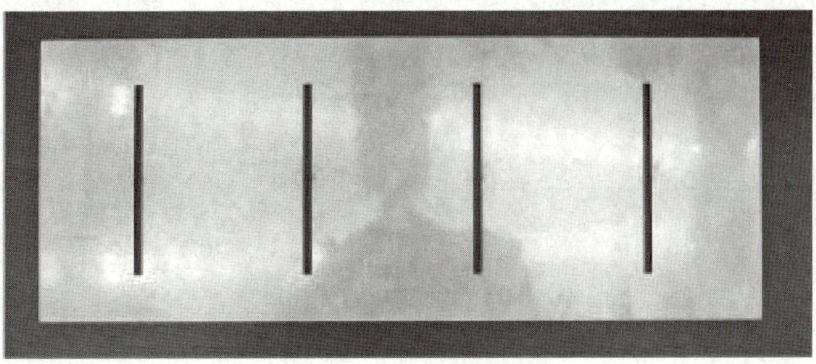

图 5.22 流道板整体

经测量，内轮廓的位置偏差和尺寸偏差在误差范围内，所有采取倒角处理的区域倒角正常且无过烧现象，切割断面光滑且平整，如图 5.23 和图 5.24 所示。

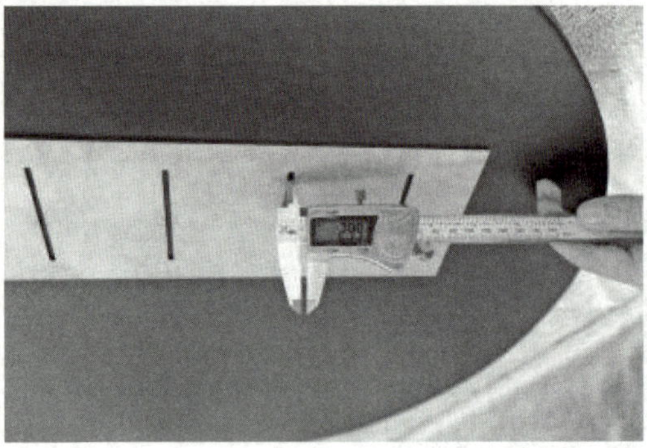
图 5.23　测量内轮廓

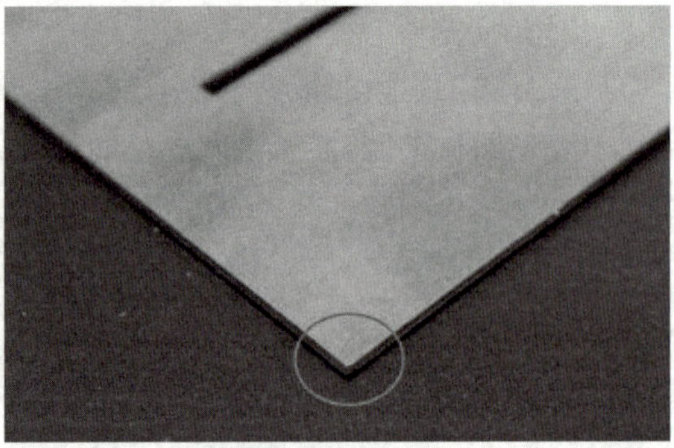
图 5.24　倒角细节

任务 5.2　火焰筒案例实训

任务分析

1. 加工要求

为了保证进入飞机发动机内部的燃料充分燃烧，需要在燃烧室内部安装钛合金材料的火焰筒装置。材料整体厚度为 2 mm，加工精度为 0.10 mm，需满足切割时对零件自动打标、切割后不影响焊接工序。火焰筒内部部分零件的加工图纸如图 5.25 所示，共需加工 1 个火焰筒筒体、2 个大扩压器和 2 个小扩压器。

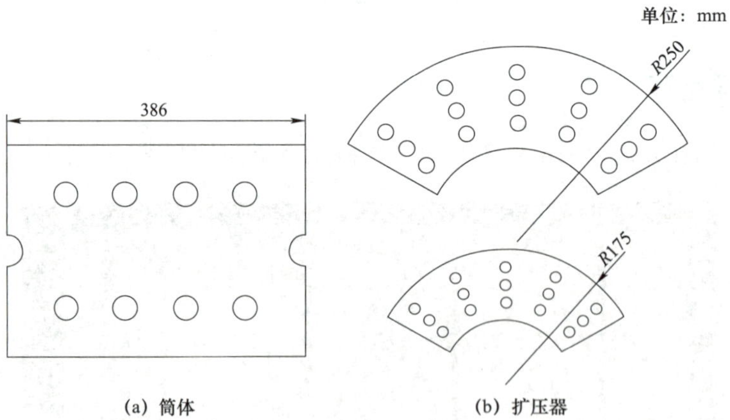

图 5.25　火焰筒加工图纸

2. 加工图纸分析

从加工图纸可以看出，共提供 3 个零件的加工样式，每个零件内部都是规则的小轮廓，套裁时主要考虑排样的利用率即可。

3. 切割技术指标

要求加工后不影响后续焊接处理，故使用氩气作为辅助气体参与切割。由于内部小圆过多且大小不一致，需注意控制引线长度，以免造成损伤。

任务实施

1. CAM 编程

由于零件精度要求较高，且部分零件不止加工 1 个，可以使用 Han's LaserNest 软件。图 5.26 为 Han's LaserNest 软件图标。

图 5.26　Han's LaserNest 软件图标

（1）新建项目

本案例中“新建项目”的具体操作可参考压板案例。

导入零件前可先进入“文件”，设置导入图形时系统自动优化的项目和参数，如图 5.27 所示。

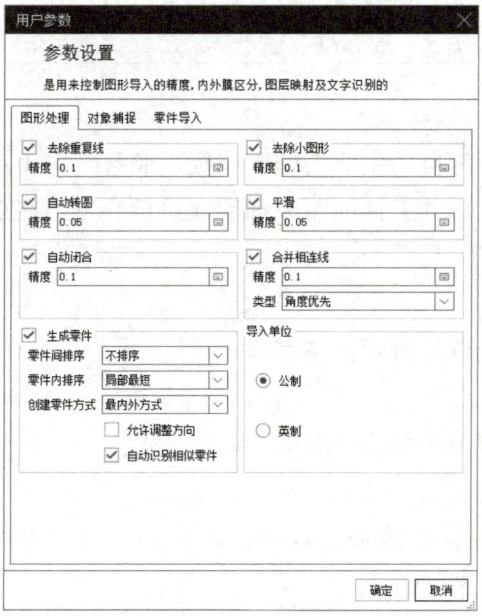

图 5.27　用户参数设置

（2）零件导入及数量设置

在零件库中空白位置右击鼠标，选择“导入零件”命令，弹出零件路径选择对话框，找到零件位置，选择需要的零件，单击“确定”。在导入到零件库前，可以对零件数量进行设置，如图 5.28 所示。

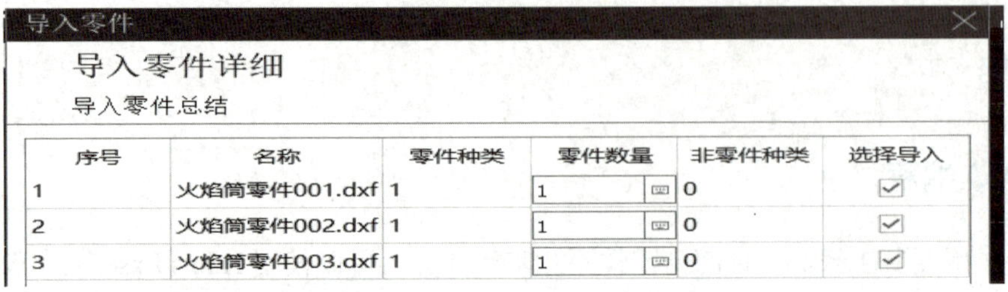

图 5.28　零件初始数量

若不清楚零件名称对应的具体零件，可开启预览功能，预览效果如图 5.29 所示。

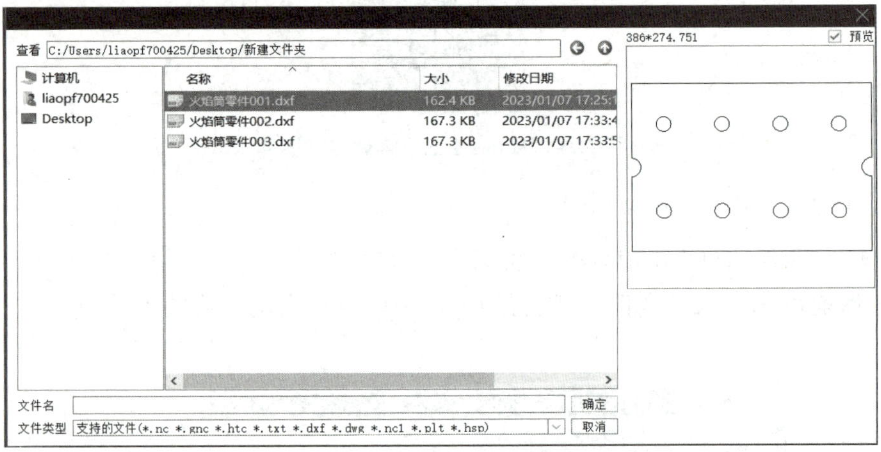

图 5.29　零件预览

导入零件后，如果对软件自动生成的切割路径不满意，可手动给零件设置切割路径。对工件加工要求较高时，建议每种工件的路径都手动设置一遍，在保证精度的前提下也能确保工件切割效果达到更优。

（3）切割参数设置

切割参数设置的具体操作可参考窗花案例。

（4）程序模拟

程序模拟的具体操作可参考展示柜案例。

（5）导出加工程序或保存工程文件

以上设置完成后，可直接生成加工程序，具体操作可参考展示柜案例。

（6）程序文件或工程文件上传

加工程序确认无误后，将工件程序或工程文件上传至机床，或者通过外部存储设备将程序文件导入至机床，即可开始进行切割。

2. 设备操作

（1）气体更换

LION 系列机床的标准规格只有高压和低压两路管道，其中低压管道连接氧气，高压管道连接氮气。切割钛合金必须使用高压氩气（见图 5.30）作为辅助气体参与切割，所以在使用机床切割前，需更换合适的高压气体，将氩气接入机床的高压管道，如图 5.31 所示（注意：正常标准机器没有氩气管道，所以需要拆掉氮气管道接入氩气管道。由于钛合金成本较高，在实际教学中可忽略此步骤，而且使用氮气切割同等厚度的不锈钢，也可达到同样的学习效果）。

图 5.30 高纯氩

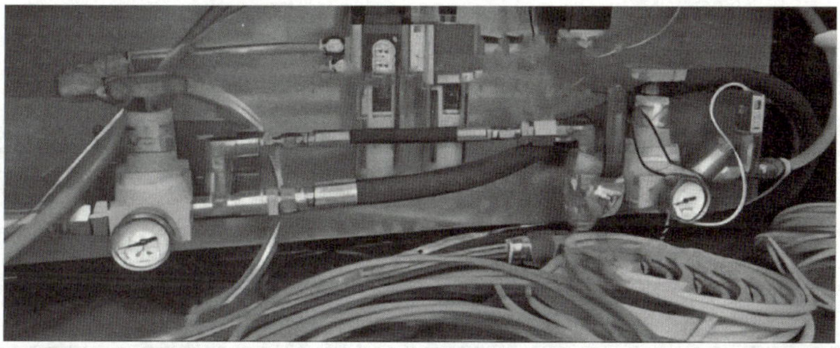

图 5.31 高压管道

（2）喷嘴更换

管道更换完毕后应根据具体的工艺参数选择合适的喷嘴。由于工艺参数的气体选项中并无氩气，需按照材料的材质分类后选择所有气体选项，才能找到正确的参数，如图 5.32 所示。

不锈钢和钛合金都是使用气化切割的原理，但切割钛合金的速度比切割不锈钢略慢。本案例可以选择 D3.0C 喷嘴。

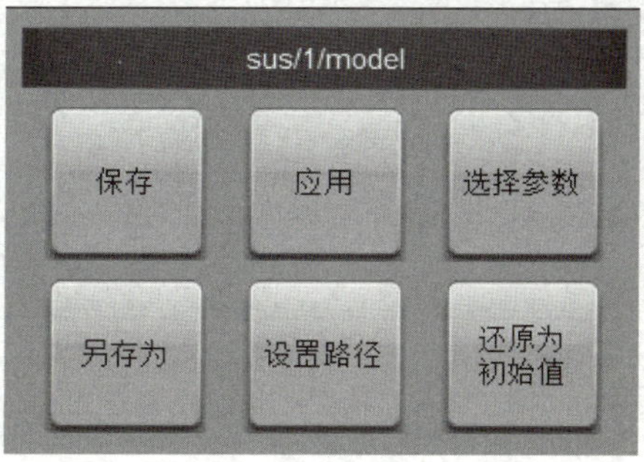

图 5.32 查看工艺参数

（3）气体测试

更换合适喷嘴后，需要注意此时的高压管道连接的是氩气，需先使用气体测试功能（见图 5.33）排空高压气路中的氮气。氩气纯度要求较高，至少需要排气 3～10 s。

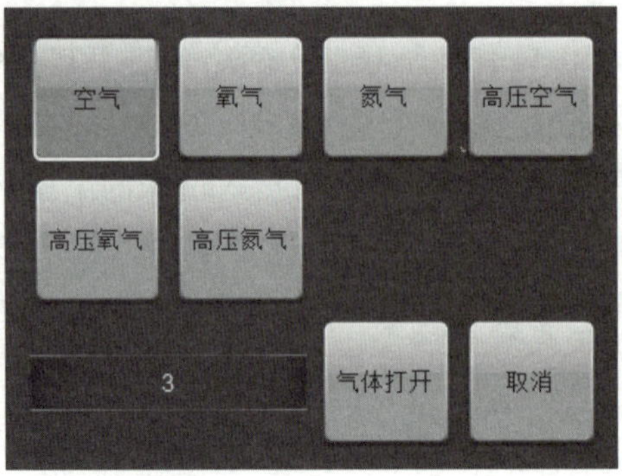

图 5.33　气体测试

（4）同轴调校

移动切割头到合适的位置进行同轴调校，具体操作参考展示柜案例。

（5）切割头标定

手动移动切割头到板材上方，进行板面标定，具体操作参考展示柜案例。

（6）程序选择

使用程序选择功能选择对应的火焰筒程序，如图 5.34 所示。单击“确定”按钮，自动加载回到“生产”界面。

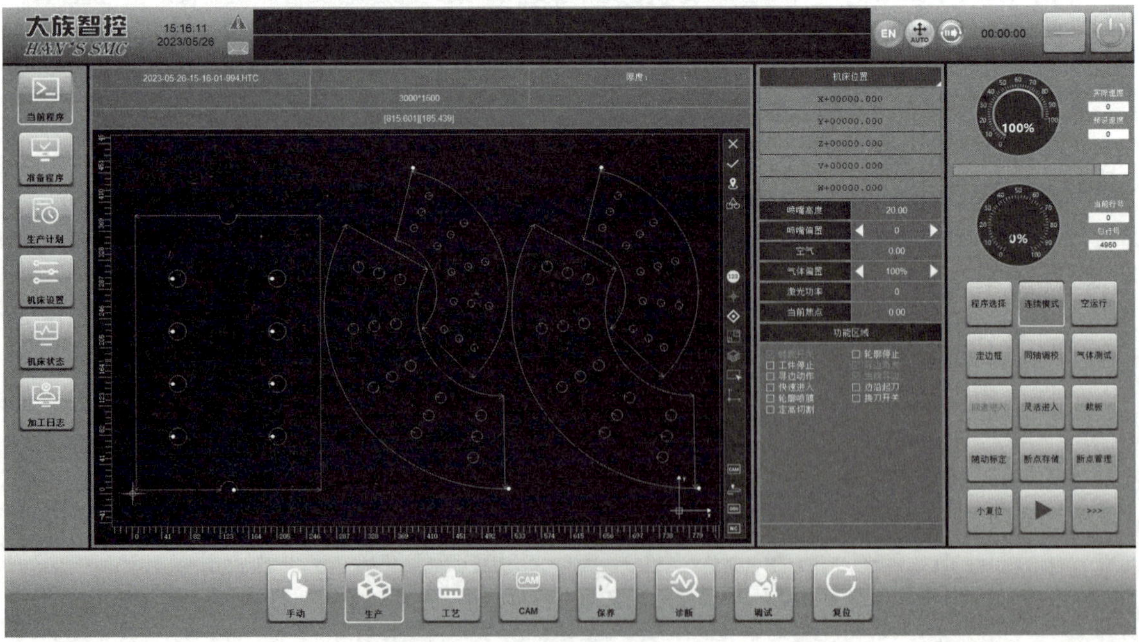

图 5.34　程序选择

（7）工艺参数选择

回到工艺参数选择界面后，需观察切割层是否对应，如图 5.35 所示。由于钛合金相对较难切割，开光之前还需跳转到如图 5.36 所示界面，确定穿孔参数已调用。此时应调用的辅助气体是高压管道连接的氩气。穿孔参数组别号应调用穿孔 1（穿孔 1 的具体参数在机床出厂时已设置完毕，非专业人员不可随意更改），如图 5.37 所示。

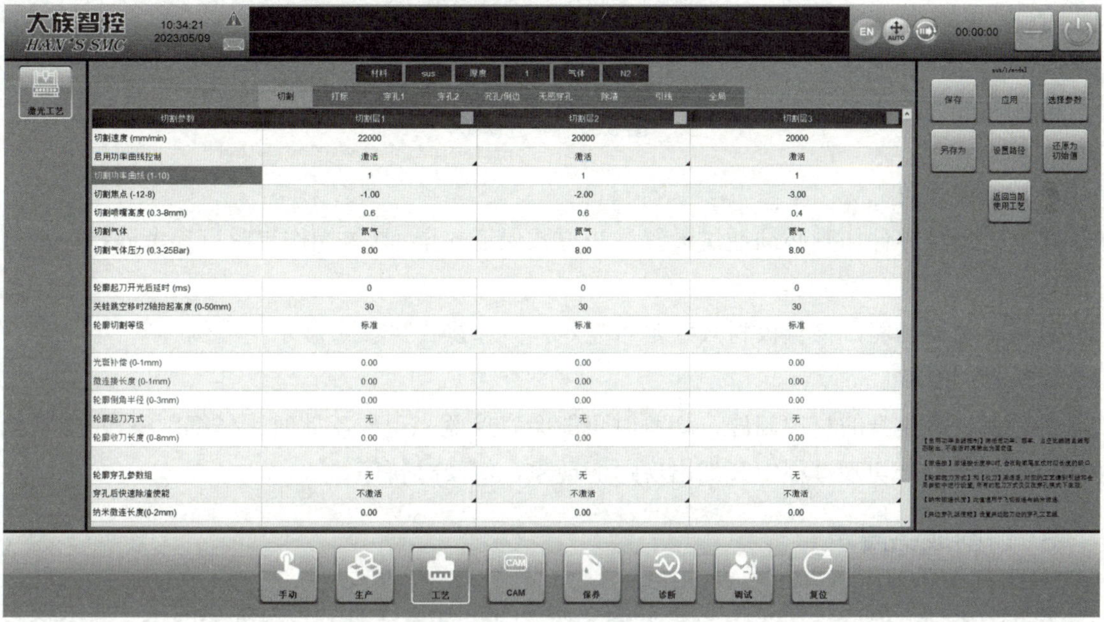

图 5.35　工艺参数选择

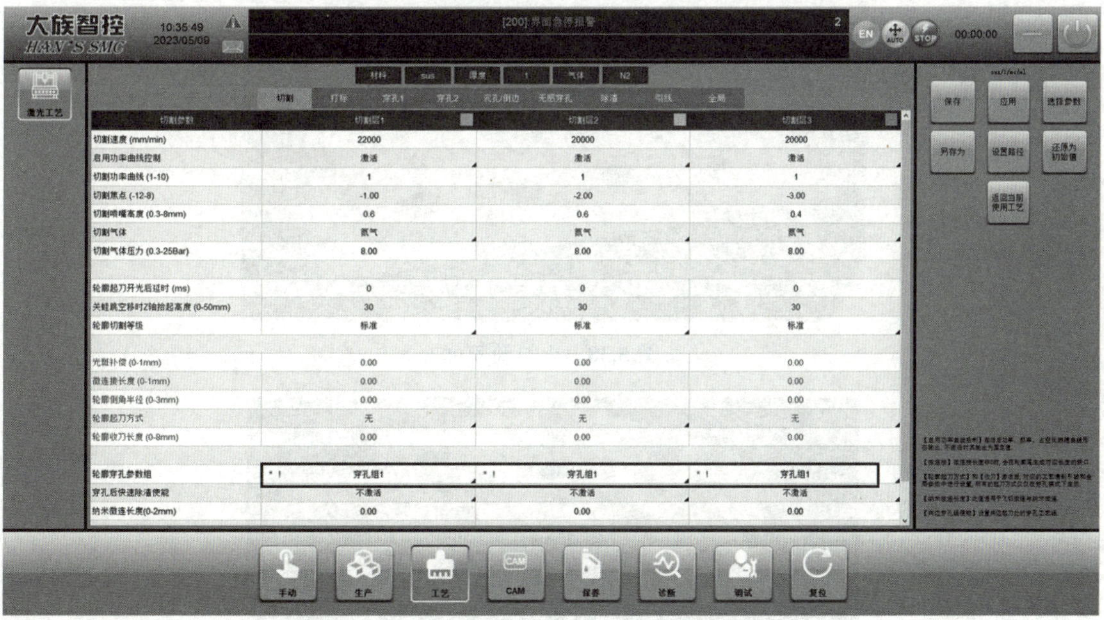

图 5.36　调用穿孔参数

切割 打标 穿孔1 穿孔2 沉孔/倒边 无感穿孔 除渣 引线 全局

穿孔组1	1阶段 ==>	2阶段 ==>	3阶段 ==>	4阶段 ==>	5阶段
穿孔组1穿孔阶段	一阶	一阶	一阶	一阶	一阶
是否采用渐进穿孔	不激活	不激活	不激活	不激活	不激活
启用功率曲线控制	激活	激活	激活	激活	激活
功率曲线 (11-20)	11	12	13	17	18
穿孔焦点 (-12-8)	-5.00	3.00	5.00	7.00	8.00
喷嘴高度 (1-40mm)	18.0	12.0	8.00	8.00	5.00
气体类型	氮气	氮气	氮气	氮气	氮气
气体压力 (0.5-25Bar)	8.0	5.0	8.0	0.5	0.5
停光吹气 (ms)	0	0	0	0	0
穿孔时间 (ms)	50	100	100	100	100

图 5.37 穿孔参数

（8）寻边设置

多个大尺寸零件切割必须通过设置寻边方式保证安全，具体操作步骤可参考展示柜案例。

（9） 走边框

开启走边框功能，检查板材尺寸是否充足，具体操作可参考展示柜案例。

（10）开光切割

因为钛合金本身的材质问题，切割时可能会有反蓝光现象，此时需仔细观察激光是否已经将材料切透，若切割过程中突然出现返渣现象，需及时暂停。

3. 切割成品展示

激光切割加工后的工件如图 5.38 和图 5.39 所示。由于工件较薄且加工的尺寸要求较高，有时需多次测量以保证精度。

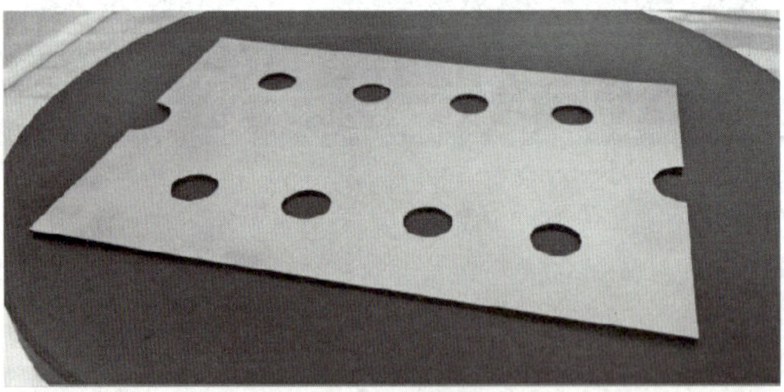

图 5.38 火焰筒筒体

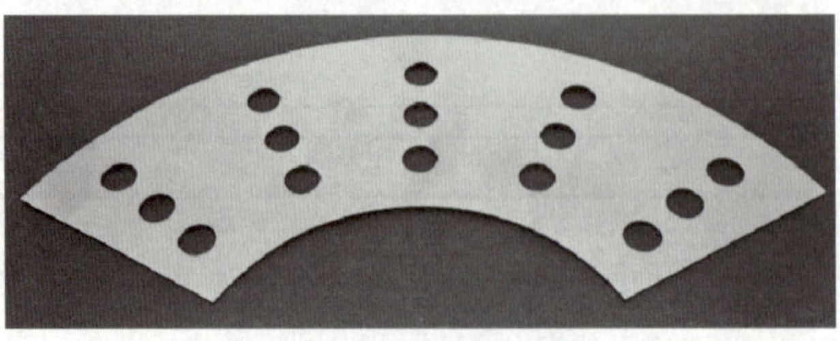

图 5.39 扩压器整体

收刀口处的精度较难把控，有时需要对收刀口的光滑度进行评测，以确定是否达标，如图 5.40 所示。解决收刀口问题可适当设置微连接。

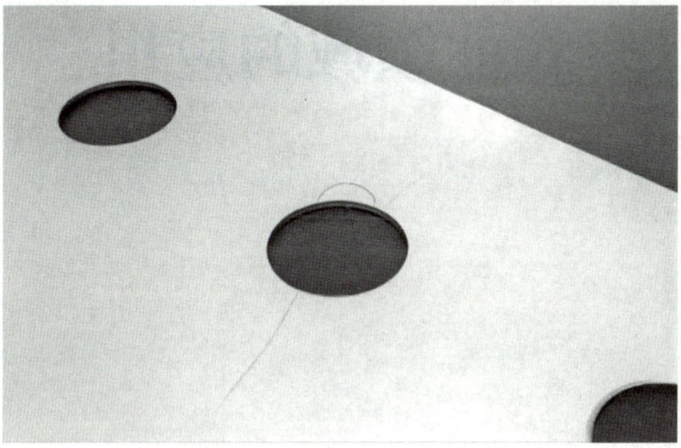

图 5.40　收刀口细节图

项目 6

农业领域的应用

项目描述

我国是农业大国，土地辽阔，需要足够的农业生产力养活众多人口。近年来，国家出台了一系列农机购置的补贴政策以推进农业机械化进程。农业机械化的发展，使得农业对青壮年劳动力的依赖程度降低，因而促使更多青壮年劳动力向非农产业转移，促进了社会生产的大分工，促进了国家经济的繁荣。

农机制造是一个十分庞大的技术工程，需要一系列高技术含量的工艺操作来完成。随着农机产品的不断升级和新产品的开发，新型加工方式在处理复杂形状农机零件方面表现出色，应用涉及耕地机械、整地机械和收获机械等，还能加工一些复杂曲面的农业用具，如犁体曲面、水泵叶轮和送料螺旋等，并能根据具体的生产情况做出相应调整。农耕工作具有区域的广泛性和季节的集中性等特点，如每年春季集中播种，秋季集中收割，在短时间内工作量大，对零件的承压和耐久能力有非常高的要求。传统的零件生产方法需要制作模具，且零件的形状还需后续不断调整才能达到最终效果，零件的损耗不可避免。若是利用传统的机械加工方法制造农业机械零件（如图 6.1 所示的传动齿轮），将难以达到理想的效果。

图 6.1　传动齿轮

激光切割在农机行业中主要应用于4～6 mm厚的钢板，且钣金件品种多，更新速度快；传统的农机加工普遍采用冲床的方式，对设备的消耗大，长此以往会限制农机产品的更新换代和农业机械技术的进步。激光加工能够借助 CAM 软件完成任何板材的设计和切割，不仅速度快、效率高，而且直接省略了模具改换所耗费的时间，且激光切割的加工时间短，能连续加工。激光切割设备同时具备板材的上下料功能，前一批板材切割完毕后即可马上交换下一批原料板材继续进行加工，能有效节约时间成本。

通过本项目的学习，可以使学生了解激光切割在农机行业的发展前景与优势，通过设计零件、编程排样，熟练使用 Han's LaserNest 编程软件和 CNC 激光数控加工系统，独立上机切割完成任务，掌握农机部件的设计思路和工艺技巧。本项目以大族 LION 3015 光纤激光切割机为例。

任务 6.1　传动齿轮案例实训

任务分析

1. 加工要求

毛坯为 500 mm×500 mm×16 mm 规格的碳钢板材，要求在板材上加工出如图 6.2 所示的齿轮零件（1 个），其中齿轮齿角尺寸不能有太大误差，以免影响装配使用。

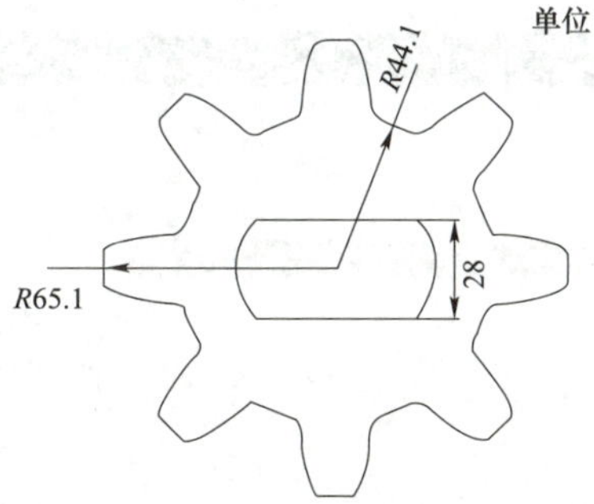

图 6.2　传动齿轮加工图纸

2. 加工图纸分析

从加工图纸可以看出，零件分为内轮廓和外轮廓，最大外径为 65.1 mm，板材满足切割尺寸，板材的厚度较大，而零件的尖角部分较多，所以在切割时要注意尖角部分的加工处理，防止过烧。

3. 切割技术目标

要求切割面保留碳钢材料的本色且下表面无明显毛刺、熔渣，选择氧气作为辅助气体参与切割。为了使拐角处不过烧，可选取适当的角处理工艺。

任务实施

1. CAM 编程

本案例中齿轮加工为单个工件加工，可以使用 Han's LaserNest 软件编程。

（1）文件打开

打开 Han's LaserNest 软件，进入软件主界面，导入待加工零件。图 6.3 为 Han's LaserNest 软件图标。

图 6.3 Han's LaserNest 软件图标

在导入零件窗口选择需要加工的零件图纸，在右边的预览窗可以看到零件的轮廓图形，在正常生产过程中零件图纸会比较多，可以通过命名及预览来确定所要加工的零件图纸，如图 6.4 所示。

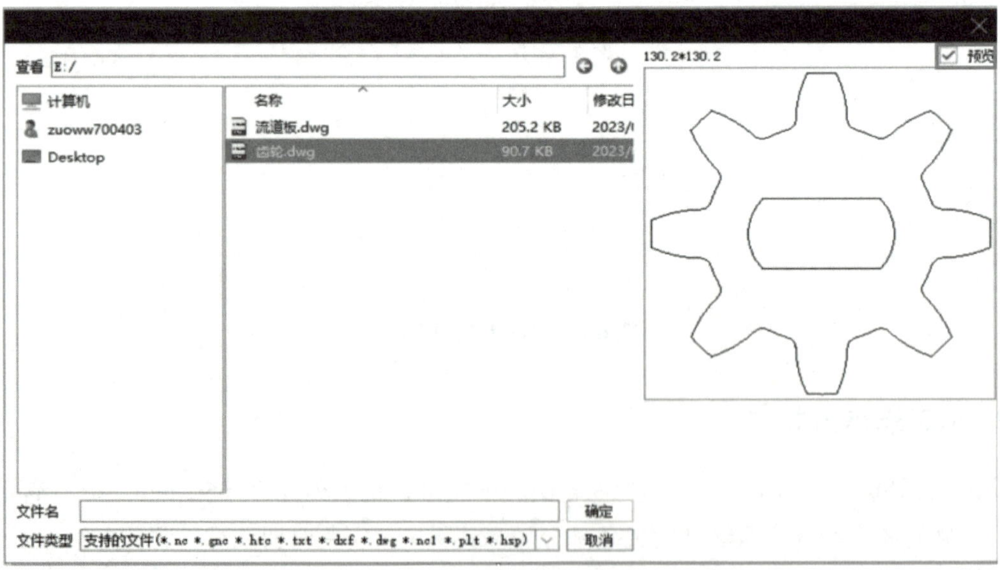

图 6.4 导入预览

（2）图形处理

零件导入后，若图形存在缺陷可使用“图形处理”命令来优化零件图纸。在自动处理无法到达要求的情况下，可通过手动对零件图形进行处理，如图 6.5 所示。

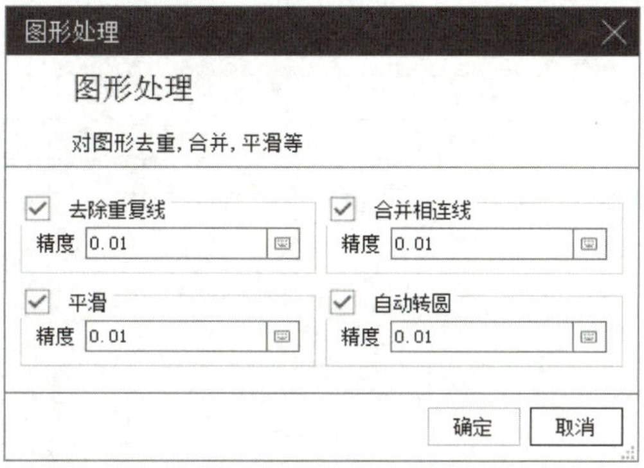

图 6.5　图形处理

双击视图窗口白色边框，设置板材材质（碳钢）和厚度（16 mm）及切割气体，如图 6.6 所示。

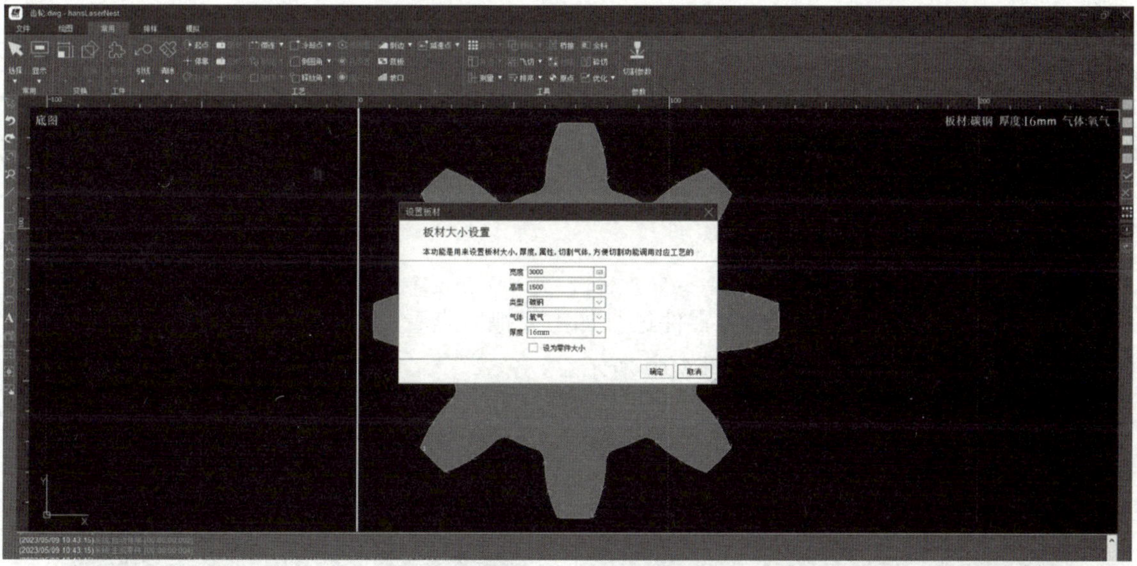

图 6.6　板材设置

（3）切割参数设置

切割参数设置。选中目标图形，单击“切割参数”命令，对零件进行切割工艺添加，如对引线、补偿、路径优化、分层等参数进行设置。

本案例在加工过程中不需要进行分层处理，在设置切割层时可以使用默认切割参数，如图 6.7 所示。

建议切割 3 层的设置：轮廓最小值为 0，轮廓最大值为 8。

建议切割 2 层的设置：轮廓最小值为 8，轮廓最大值为 20。

建议切割 1 层的设置：轮廓最小值为 20，轮廓最大值为 9 999。

图 6.7　切割参数设置

（4）程序模拟

切割参数设置完成后，需要对零件进行加工模拟，查看切割路径是否合理。若不合理，则需要手动进行优化，如图 6.8～图 6.10 所示。

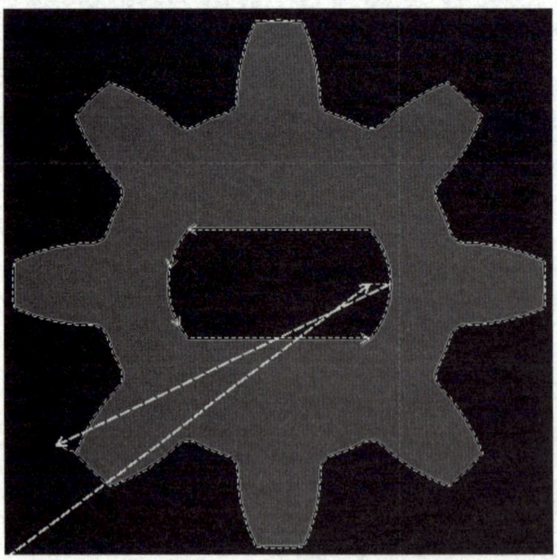

图 6.8　自动路径优化

图 6.9　手动修改起点

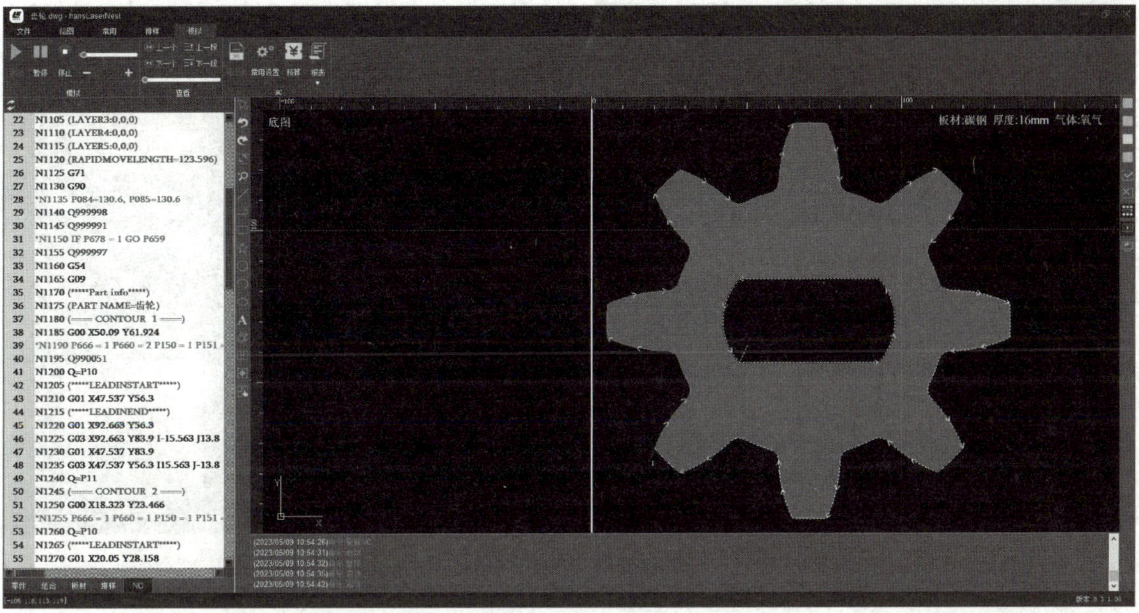

图 6.10 零件加工模拟

（5）导出加工程序或保存工程文件

零件切割路径模拟没有问题后，可单击菜单栏下的“导出 NC”命令，弹出 NC 导出设置对话框，可对保存位置、文件名称等进行设置。

（6）程序文件或工程文件上传

NC 程序确认无误后，将工件程序或工程文件上传至机床，或者通过外部存储设备将程序文件导入至机床，即可用来进行切割。

2. 设备操作

工件的切割程序上传至机床后，按照设备加工流程进行切割，根据工件及材质厚度的不同，在准备过程中使用不同的功能及工艺完善并解决存在的问题。

（1）喷嘴更换

在机床的工艺界面确定工艺切割参数，根据所采用的工艺参数选用合适的切割喷嘴。选好喷嘴后，将喷嘴更换、安装到切割头上。

（2）气体测试

本案例采用氧气切割的方式，因此在进行切割时要保证氧气的纯度达到标准，气体管道内不能残留其他气体（如不及时排除，会影响切割工件的效果，甚至会损坏喷嘴和保护镜等易损耗件）。打开“生产”界面，如图 6.11 所示，打开“气体测试”界面，选择高压氧气，输入气压值，单击“气体打开”进行放气操作，在进行测试时也可变动压力，在测试过程中要确定气压是否正常，如图 6.12 所示。如有异常需进行处理后才可进行切割。

图 6.11　生产界面

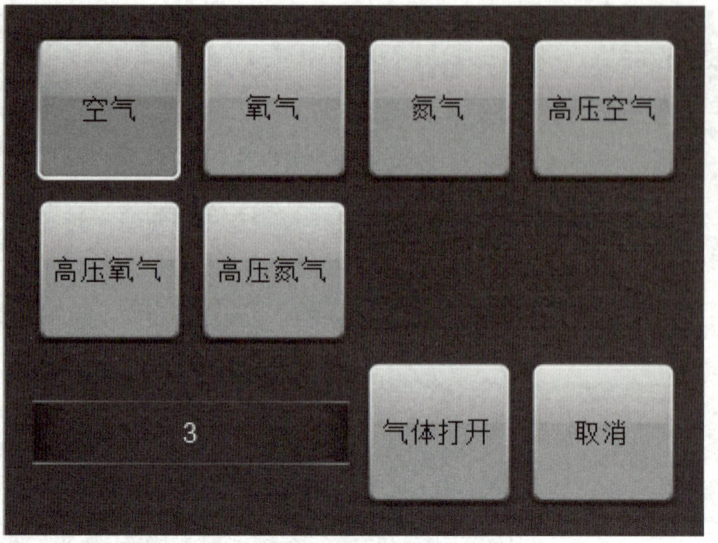

图 6.12　气体测试

（3）同轴调校

打开“生产”界面，进行同轴调校，如图 6.13 所示，具体操作可参考展示柜案例。

图 6.13　同轴调校

（4）切割头标定

在切割前要先对喷嘴进行“随动标定”。打开“生产”界面，单击右侧的“随动标定”按钮，切割头会自动进行标定动作。标定结束后可将切割头移动至板材处。

（5）程序选择

在“生产”界面单击“当前程序”，如图 6.14 所示，选择编辑好的齿轮程序，加载工件程序完成后，会弹出“生产”界面。

图 6.14 选择程序

（6）工艺参数选择

确定好程序后，打开工艺切割参数界面，如图 6.15 所示。传动齿轮工件分为内、外轮廓，但并没有进行分层切割。试切参数无误后，打开最右侧的“引线和全局”界面，本次工件的加工需要注意外轮廓拐角容易过烧。针对此现象，可通过以下几种方式进行优化。

图 6.15 工艺切割参数界面

① 用 Han’s LaserNest 编程时对轮廓的尖角进行圆弧处理（此方法适合尖角度数小且对锐角度数要求不高的工件）。

② 在工艺切割时使用拐角冷却处理，在切割运行至拐角处时进行关光、冷却、吹气，消除拐角处的热影响范围，等板材温度下降后再进行另一半转角切割。

传动齿轮工件的锐角度数不高，选择拐角冷却法处理即可。选择“工艺”｜“引线和全局”，设置相应的拐角冷却参数，如图 6.16 所示。

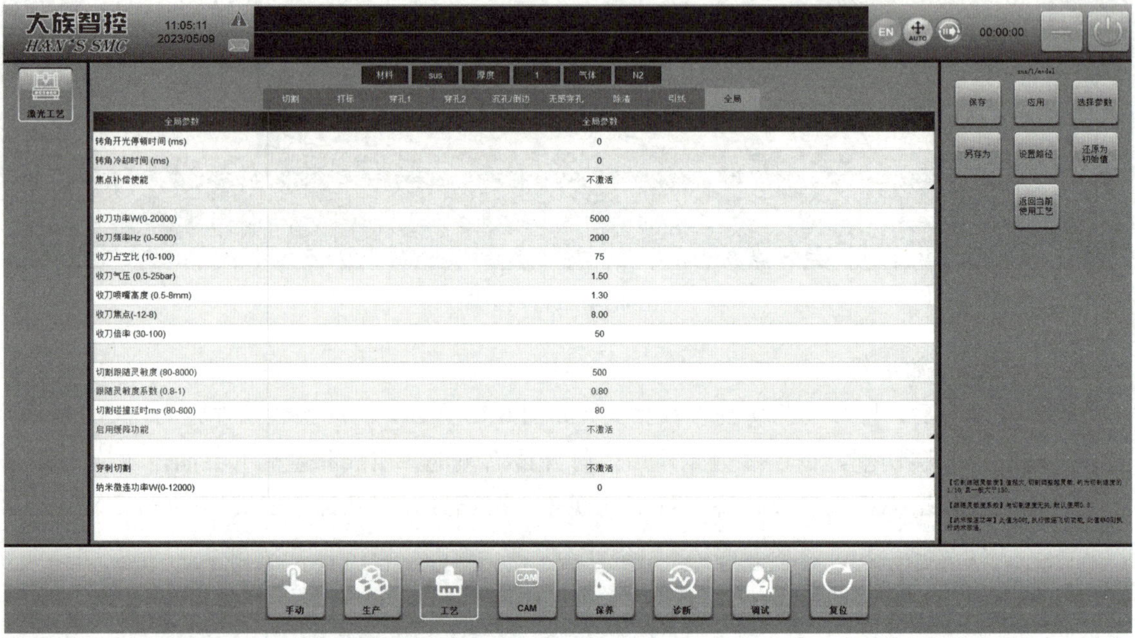

图 6.16　引线和全局

设置好所需的切割工艺参数后，单击“保存”，并选择“应用”。

（7）寻边设置

在对板材加工前，应确保板材的放置与工件切割的轮廓没有偏差，可以开启“寻边”功能进行板材寻边。寻边有多种方式，根据实际情况选择即可。本次加工工件数量为“1”，在进行切割时，板材多为不规则的余料，这种情况下需要手动对好起刀点，如图 6.17 所示。

（8）走边框

切割前应进行走边框操作，以判断是否可以在当前位置进行切割，具体操作可参考展示框案例。

（9）开光切割

准备工作完成后就可以进行切割加工了，具体操作可参考展示框案例。

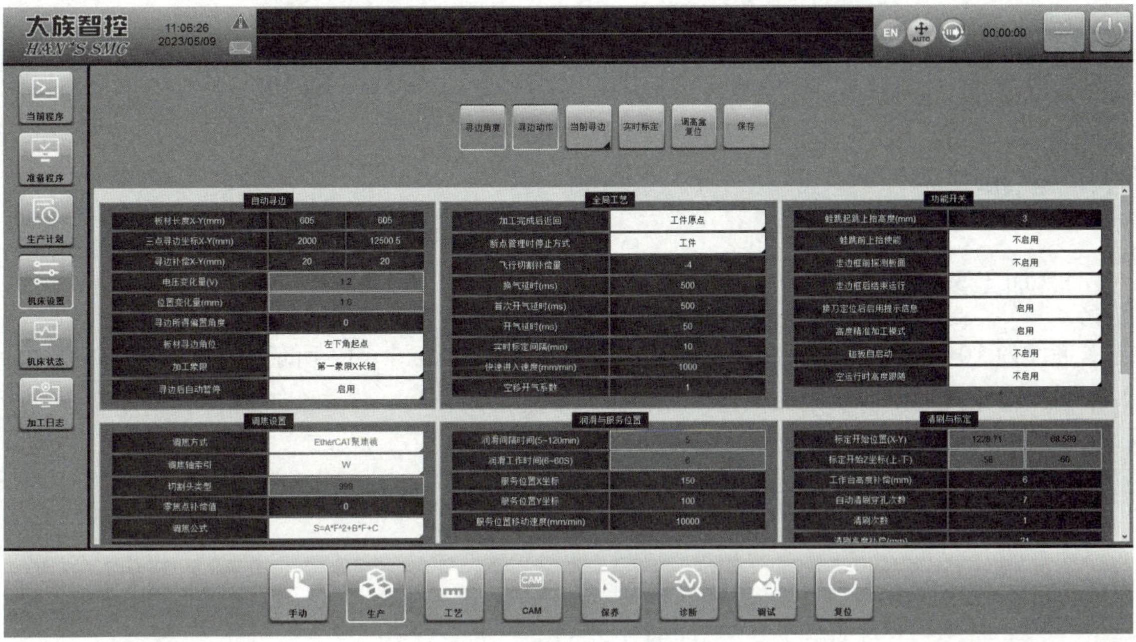

图 6.17　寻边设置界面

3. 切割成品展示

激光切割加工后的工件整体如图 6.18 所示，整体结构完整，切割面光滑、无毛刺，拐角处无过烧现象。当切割样品出现切割面粗糙、挂有熔融物等情况时，需要对切割工艺参数中的速度、气压、焦点等进行修改优化。

在进行切割前，通过拐角冷却处理可以优化拐角。如果不进行优化，则拐角容易出现过烧现象。若设置拐角冷却后还是出现过烧现象，则可调节相关冷却参数及拐角速度再次进行优化。

(a) 切割成品展示（一）

(b) 切割成品展示（二）

图 6.18　切割成品展示

任务 6.2　农机外部套件案例实训

任务分析

1. 加工要求

毛坯为 10 mm 厚的碳钢板材，要求在板材上加工出如图 6.19 所示的齿轮零件（1 个），其中齿轮齿角尺寸不能有太大误差，以免影响装配使用。

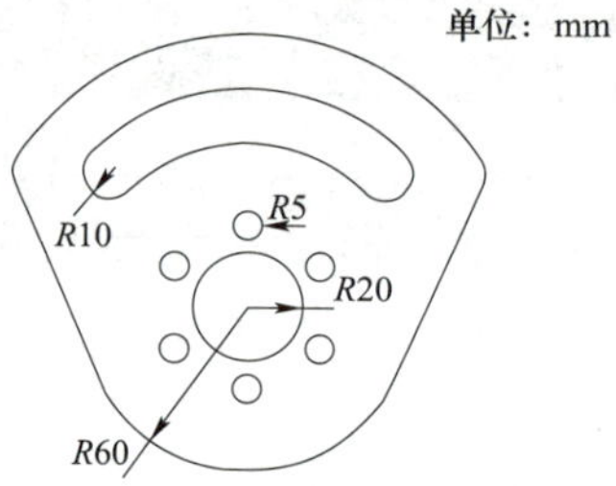

图 6.19　农机外部套件加工图纸

2. 加工图纸分析

从加工图纸可以看出，零件分为内轮廓和外轮廓。板材的厚度适中，但内部小轮廓偏多，要注意内部小圆的切割需使用分层切割处理，以免小轮廓切割不理想。

3. 切割技术目标

要求切割面保留碳钢材料的本色且下表面无明显毛刺、熔渣，选择氧气作为辅助气体参与切割；要求内轮廓尺寸没有明显误差且形状不变形，内轮廓无过烧、熔渣残留。

任务实施

1. CAM 编程

本次实训为单个工件的加工，不需要进行排样编程，使用 Han’s LaserNest 软件完成单个零件编程即可。图 6.20 为 Han’s LaserNest 软件图标。

（1）文件打开

打开 Han’s LaserNest 软件，进入软件主界面。使用“打开”功能，将加工工件打开至编程软件中。按照“窗花案例”的零件导入步骤，找到工件存放位置，选择目标零件，如图 6.21 所示。

图 6.20 Han’s LaserNest 软件图标

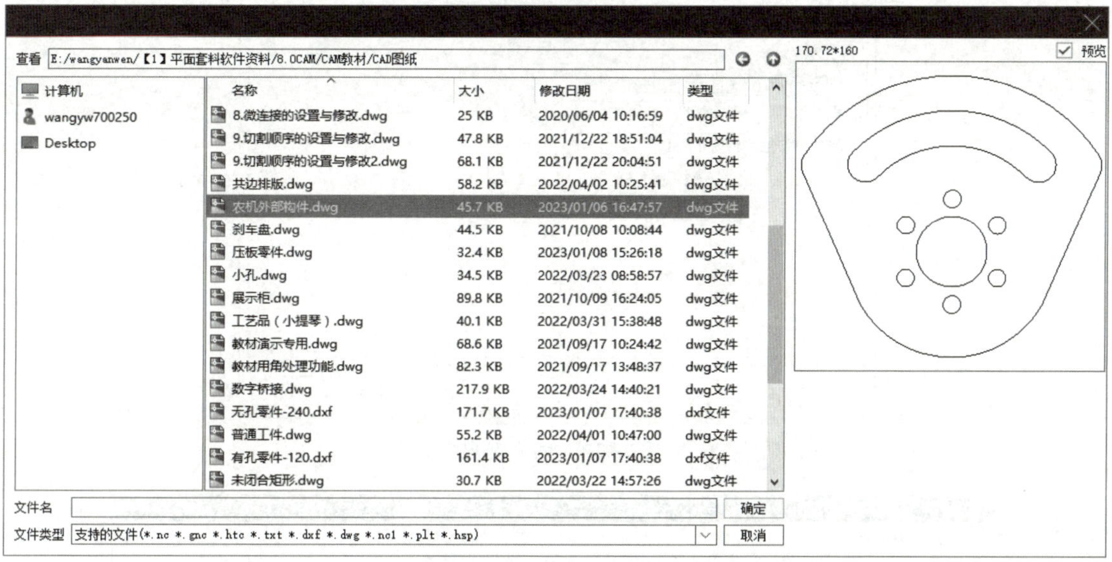

图 6.21 零件打开预览

（2）图形处理

在打开零件的过程中，软件会对图纸进行检查校对，查看是否存在缺陷。若检查到不符合校对的参数，可修改参数，如去除重复线、平滑、合并相连线等参数，如图 6.22 所示。

双击视图窗口白色边框，设置板材材质（碳钢）和厚度（10 mm）及切割气体。

（3）切割参数设置

待加工板材的厚度为 10 mm，但内轮廓和外轮廓相差较大，且工艺要求较高，在进行加工切割时需进行分层切割，以确保加工工件的内轮廓形状精度达到要求。

选择“切割参数”｜“分层”，设置切割分层范围，本次加工的最小内轮廓为 6 个直径为 5 mm 的小圆，在设置分层时要将这部分独立出去，切割时配置其他的工艺参数进行切割，如图 6.23 所示。

建议切割 3 层设置为：轮廓最小值为 0，轮廓最大值为 8。

建议切割 2 层设置为：轮廓最小值为 8，轮廓最大值为 20。

建议切割 1 层设置为：轮廓最小值为 20，轮廓最大值为 9 999。

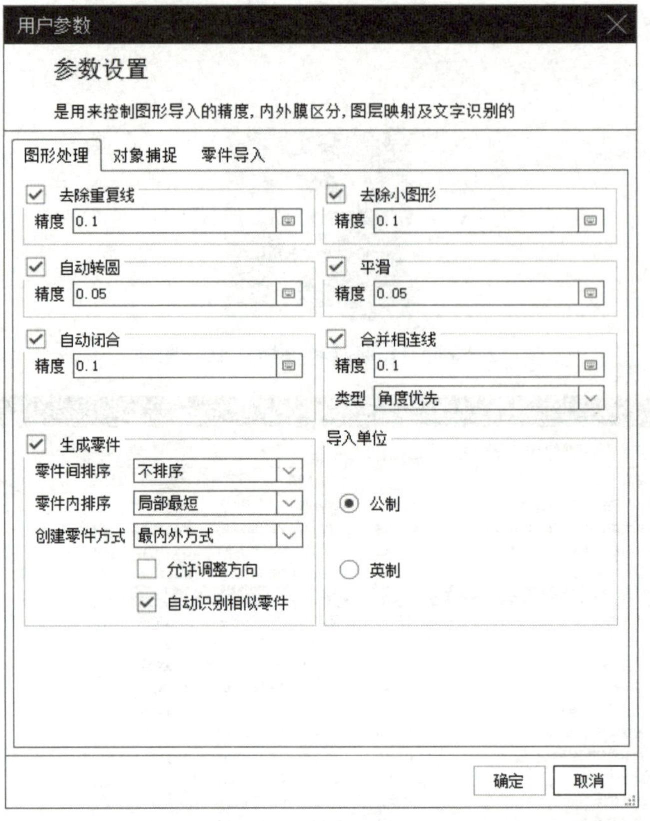

图 6.22　用户参数

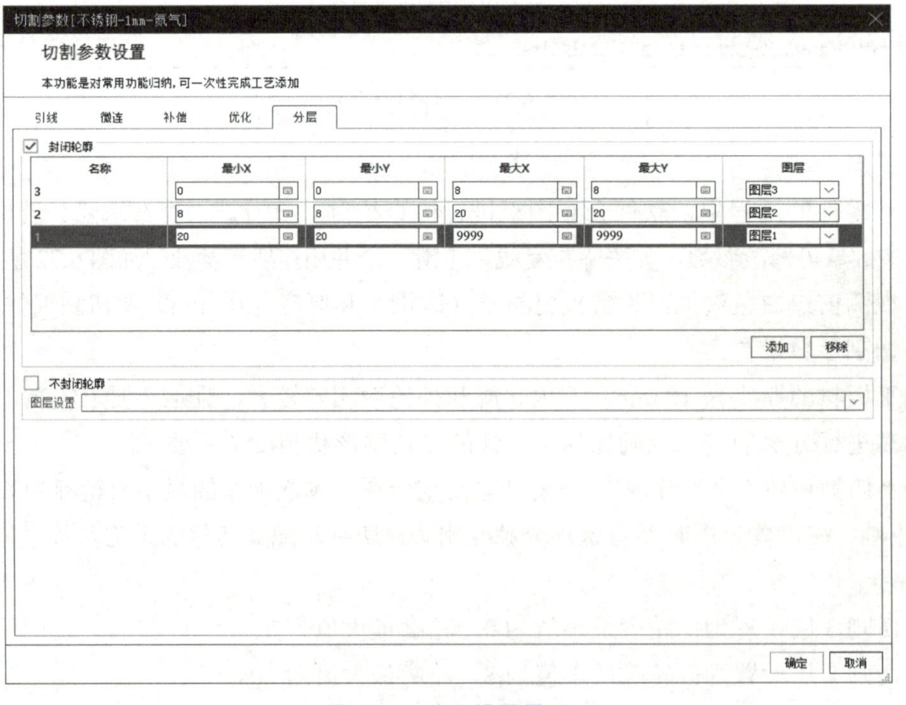

图 6.23　分层设置界面

也可双击零件进入到零件编辑状态，通过手动选择来进行分层。

（4）程序模拟

切割参数设置完成后，可对加工路径进行模拟，查看加工路径是否合理，如图 6.24 所示。

图 6.24　路径模拟

（5）导出加工程序或保存工程文件

零件切割路径模拟没有问题后，可单击菜单栏下的“导出 NC”命令，弹出 NC 导出设置对话框，可对保存位置、文件名称等进行设置。

（6）程序文件或工程文件上传

NC 程序确认无误后，将工件程序或工程文件上传至机床，或者通过外部存储设备将程序文件导入至机床，即可开始进行切割。

2. 设备操作

程序上传至机床后，开始准备进行切割处理。在进行切割时需要对激光切割机床进行一系列的操作，以保证设备正常运行，并达到相应的工艺效果。

（1）喷嘴更换

本次加工的板材为 10 mm 厚的碳钢板材，首先确定好切割时使用的相关参数，根据参数选择相应的切割喷嘴。将选好的喷嘴更换安装至切割头处，检查是否存在松动或者堵塞等情况，确认无误后开始下一步操作。

（2）气体测试

本案例使用氧气作为辅助气体进行切割，需要注意氧气切割时其浓度应达到切割标准，否则会影响实际切割效果。切割气体的压力是否达到要求也很重要。

实际切割时可能面临的不确性因素很多，无法确保气体管道内部的氧气达到标准纯度以及气体的压力达到切割要求，因此需要在切割前进行“气体测试”，其目的是：一方面排空气体管道内部的残留气体以保证氧气的气体纯度；另一方面测试氧气的压力是否达到切割需求。

（3）同轴调校

具体操作可参考展示柜案例。

（4）切割头标定

单击“生产”界面右侧的“随动标定”，确定启动，切割头会自行运行到标定模块进行标定动作。切割头动作结束后，手动将切割头移动至板材上方。

（5）程序选择

打开“生产”界面，选择“程序选择”，找到放置切割工件程序的文件位置，选择农机外部套件程序，加载后查看“生产”界面显示工件是否存在问题，若无问题则可进行下一步操作。

（6）工艺参数选择

打开“工艺”界面，选择切割所需的参数。本实训中的工件需要进行分层切割，在进行工艺参数设置时要注意切割 1 和切割 2 参数的区别，在不同的轮廓切割参数界面设置对应的切割参数，如图 6.25 所示。

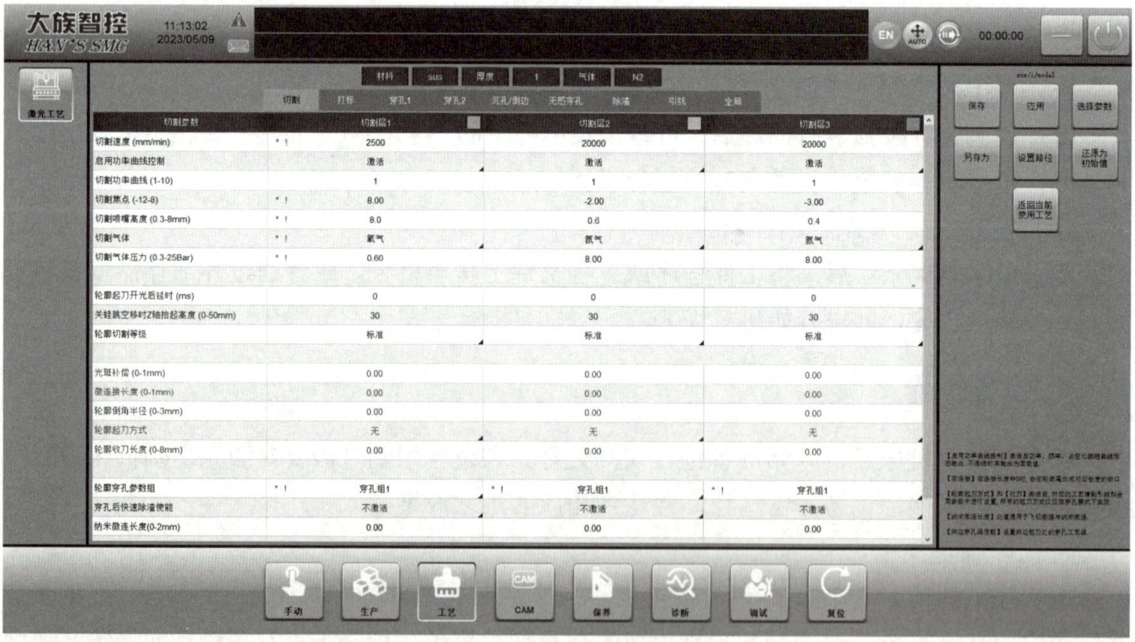

图 6.25　工艺参数设置

（7）寻边设置

打开“生产”界面，单击左侧的“机床设置”，打开上方的“寻边功能”，如图 6.26 所示，确保机床在切割运行时能够自动确定板材位置，保证工件的切割位置。寻边有多种方式，根据实际情况进行选择即可。

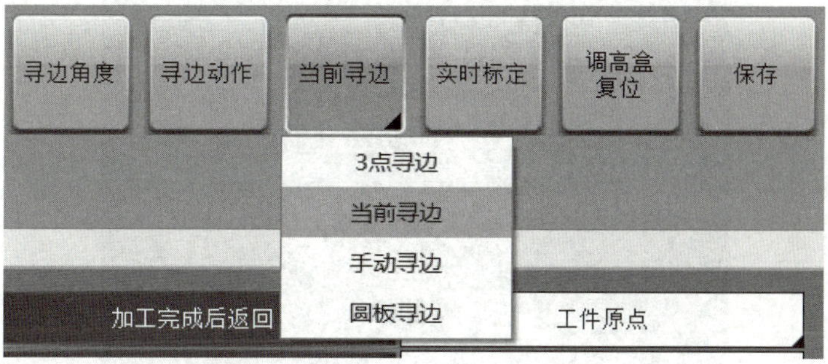

图 6.26　寻边功能

（8）走边框

具体操作可参考展示柜案例。图 6.27 为切割头走边框。

图 6.27　切割头走边框

（9）开光切割

具体操作可参考展示柜案例。

3. 切割成品展示

本实训中农机外部套件的加工难点主要在于小轮廓的加工，因此需要进行分层处理以及调试板材的穿孔工艺。切割成品如图 6.28 和图 6.29 所示，切割表面光滑、无毛刺，小孔圆度符合要求且无变形。

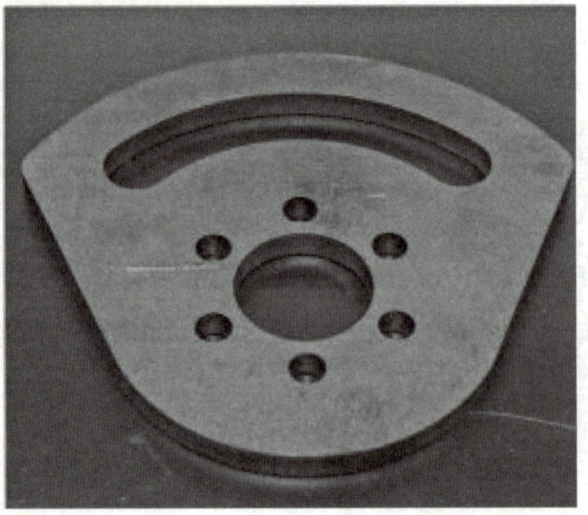

图 6.28　切割成品展示

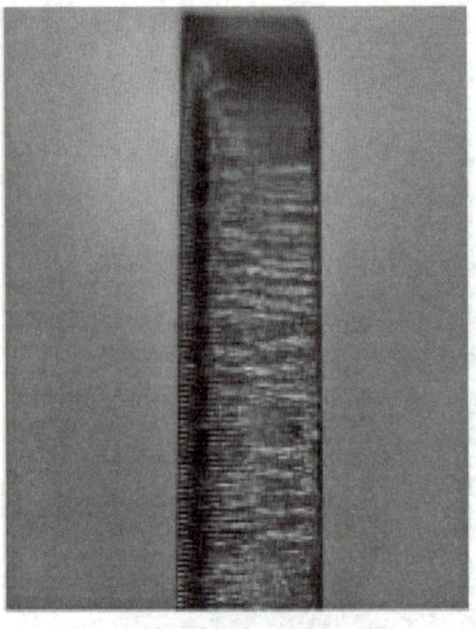

(a) 切割面展示

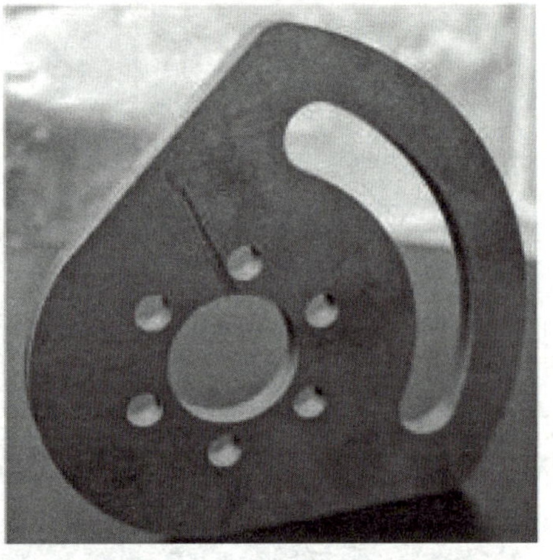

(b) 内轮廓小圆展示

图 6.29　切割细节展示

当切割断面出现瑕疵时，需调整工艺参数中的速度、功率、气压等。若内轮廓的小圆出现不规则或肉眼可见的变形，则需要重新同轴调校并检查切割头是否发生抖动。

课 后 习 题

1. 请简要描述激光切割设备生产操作的流程。

2. 某工件在切割过程中出现了频繁翻转的现象，如何解决？

3. 切割中途大复位后如何恢复加工？

4. 交换工作台前，应确保机床后面的工作台旁边没有人员，板材摆放位置没有超出工作台加工区域，以免造成人身伤害或机床的损坏。(　　)

5. 在加工完成后可以直接触碰加工后的材料，查看切割质量。(　　)

6. 在加工过程中发现异常时，应立即停机，必要时应挂上警示牌，并及时排除故障。(　　)

7. 加工一个 16 mm 厚的碳钢工件时，工件拐角处出现过烧现象，导致拐角切割质量差，有哪些方法可以改善这种现象？

8. 加工一个如图 6.30 所示的零件，外轮廓为边长为 100 mm 的正方形，内轮廓为直径为 60 mm 的圆。实际加工出来后测量发现，外轮廓的边长为 99 mm，内轮廓直径为 61 mm，需要进行哪些操作以改善这种误差？

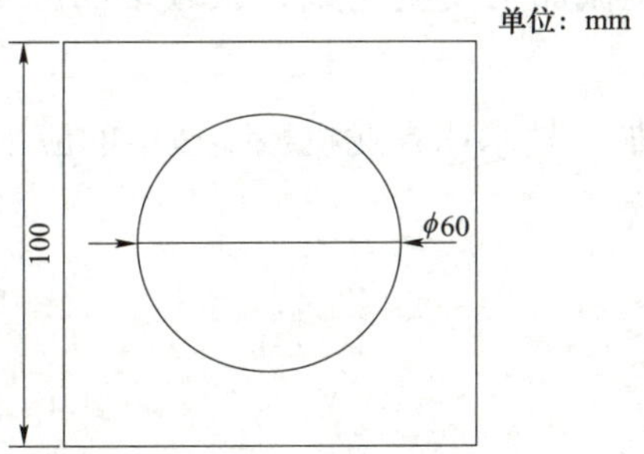

图 6.30　零件图纸

参考文献

［1］中国机械工业联合会. 机械安全激光加工机 第1部分：通用安全要求：GB/T 18490.1—2017［S］. 北京：中国标准出版社，2017.

［2］中金普华产业研究院. 浅析激光技术的现状及发展［EB/OL］.（2018－08－17）［2022－02－01］. https：//baijiahao.baidu.com/s?id=1609010576601194403&wfr=spider&for=pc.

［3］深圳市大族超能激光科技有限公司. 激光切割机在汽车工业的应用［EB/OL］.（2020－01－16）［2022－02－01］. http：//www.hansmplaser.com/news/detail-584.html.

［4］博特激光. 船舶制造业中所需要采用到的激光技术应用［EB/OL］.（2019－01－01）［2022－02－01］. https：//www.laserfair.com/yingyong/201901/01/70044.html.

［5］邱兆峰. 激光切割技术在航空发动机制造中的应用［J］. 金属加工（热加工），2015（4）：42－44.

［6］赖仁享，程国祥，谢居懿，等. 激光切割装备在航空零部件制造中的应用［J］. 金属加工（热加工），2015（4）：39－41.

［7］沈义平. 浅谈激光加工技术在航天领域的应用［J］. 现代制造，2017（40）：11.

［8］栗迅. 现代激光技术在机械加工及航空航天领域中的应用初探［J］. 科技资讯，2009（27）：1.

［9］冯晓宾，王杰. 基于激光加工技术在农业机械制造中的应用与发展［J］. 科技传播，2014，6（9）：99.